2판

릴리패드 아두이노를 활용한

스마트 패션액세서리 디자인

2판

릴리패드 아두이노를 활용한

스마트 패션액세서리 디자인

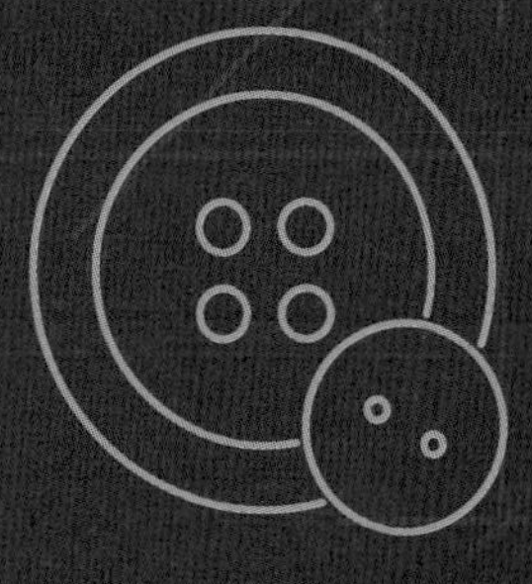

이지현 · 김지은 · 양은경 · 고정민 · 민세영 · 손중원 · 이은한 지음

교문사

PREFACE

우리는 모든 것이 모바일과 손끝에서 마술처럼 이루어지는 디지털 환경에서 살아가고 있다. 하지만 선뜻 기계와 친해지기는 쉽지 않다. 특히 전통적 조형 교육에 익숙한 패션디자인 전공 학생들에게 디지털 툴은 다른 세계인 것처럼 보일 때도 있다. 디지털을 기기가 아닌 조형의 요소로 쓰고 마음껏 머릿속의 아이디어들을 펼치고 싶지만, 알 수 없는 용어들로 가득한 툴의 사용 매뉴얼과 다 똑같아 보이는 코딩언어는 간혹 우리의 손을 얼어붙게 한다. 좀 더 쉬울 수는 없을까?

그런 고민에서부터 이 책은 시작되었다. 프로그래밍과 툴의 다양한 기능 활용이나 과시를 보여주기 위한 디자인이 아니라, 감성적 디자인을 표현하기 위한 도구, 차별적 디자인을 구현하기 위한 도구로서 디지털 툴을 사용하는 것. 나의 디자인에 필요한 것을 쉽게 구현할 수 있는 기능과 방법, 따뜻하고 즐거운 기술, 디자이너의 관점에서 필요한 디지털 툴 활용 가이드와 팁. 이 책은 그런 내용들로 구성되어 있다.

이 책은 디지털 기술의 기능적 접근이 강한 웨어러블 패션과 달리 감성적·조형적 요소로서 디지털 기술을 접근할 수 있는 스마트 패션액세서리를 통해, 디지털을 활용할 수 있는 다양한 가능성을 스스로 탐색해 볼 수 있도록 구성하였다. 빛, 소리, 움직임, 놀이, 안전, 감성 등 다양한 주제를 가지고 릴리패드 아두이노를 이용해 만들 수 있는 9가지의 패션액세서리 디자인 사례를 따라하는 워크북 형식을 통해 누구나 천천히 그리고 쉽게 디지털 기술을 익힐 수 있을 것이다.

지금 시작하는 여러분의 패셔너블 웨어러블 디자인의 꿈을 응원하며, 이 책이 그 작은 시작이 되기를 바란다.

무더운 폭염에도 이 책의 출판을 위해 애써주신 교문사의 정용섭 부장님, 이유나 대리님에게 감사의 마음을 전한다.

2021년 8월

저자 일동

CONTENTS

SMART FASHION ACCESSORIES DESIGN

PART 1 스마트 패션액세서리 디자인

SMART FASHION ACCESSORIES PRACTICE WORKBOOK

PART 2 스마트 패션액세서리 실습 워크북

SMART FASHION ACCESSORIES DESIGN

PART 1 스마트 패션액세서리 디자인

1 웨어러블 패션디자인과 스마트 패션액세서리 이해하기

2 릴리패드를 이용한 스마트 패션액세서리 디자인

SMART FASHION ACCESSORIES DESIGN

웨어러블 패션디자인과 스마트 패션액세서리 이해하기

웨어러블 컴퓨터의 발전과 웨어러블 패션디자인

기술의 발전으로 여러 컴퓨터 장비들은 점차 소형화 및 경량화되고 있으며, IT 환경의 확산으로 사물의 네트워크화 경향이 빠른 속도로 현실화되고 있다. 모바일과 연동되는 웨어러블 기기(Wearable-Device)가 스마트 밴드나 스마트 워치라는 이름으로 일상적으로 사용되며 IoT(Internet of Things) 제품의 개발이 가속화되고 있다. 또한 IoT가 생활환경으로 확장된 스마트 홈의 등장 등 이미 IT 기술은 현재 생활의 일부가 되었다.

웨어러블이라는 개념은 웨어러블 컴퓨터(Wearable computer)에서 출발한 것으로, 몸에 입거나 휴대할 수 있는 형태의 컴퓨터를 총칭하며, 정보의 입출력과 처리가 가능한 컴퓨팅 기능을 할 수 있는 기기를 의미하는 것이었다. 최초의 웨어러블 컴퓨터는 1961년 토프와 섀넌(Thorp E. & Shannon C.)이 룰렛 게임의 회전 규칙을 예측하기 위해 만든 것으로 알려져 있

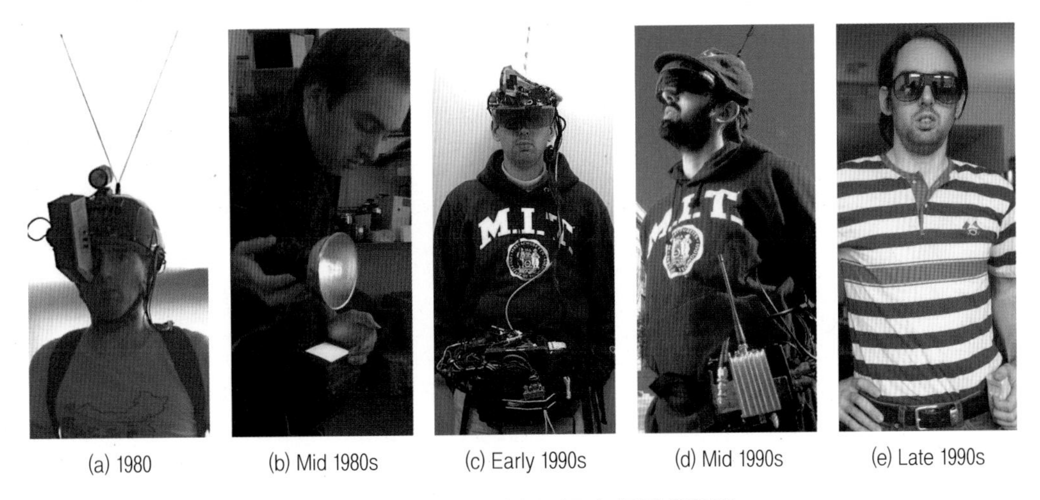

(a) 1980 (b) Mid 1980s (c) Early 1990s (d) Mid 1990s (e) Late 1990s

그림1 스티브 만의 웨어러블 컴퓨터 디자인 변화과정

다. 두 사람이 게임에 참가해 한 사람이 발로 정보를 입력해 전송하면, 담뱃갑 크기의 웨어러블 기기를 몸에 지닌 사람은 소리로 변환된 정보를 전달받게 되는 시스템으로 고안되었다(Malmivaara 2009).

초기 웨어러블 컴퓨터는 정보인식 기능을 하는 부품과 컴퓨터 기기를 몸에 붙이는 형태가 대부분이었기 때문에 착용이라는 개념보다는 몸에 부착했다는 단어가 적절한 형식이었다. 카메라로 정보를 인지하는 웨어러블 캠(Wearable Cam)을 1980년대 초기부터 연구한 스티브 만(Mann S.)의 웨어러블 컴퓨터 디자인 변화를 보면 몸에 부착하는 기계에서부터 착용하는 패션 제품으로 웨어러블 디자인의 형태가 눈에 띄게 변화한 과정을 알 수 있다(그림 1).

이렇듯 거대한 컴퓨터 장비들은 시계, 안경, 의류 등 사용자가 신체의 일부처럼 항상 착용하고 휴대하여 사용할 수 있는 형태로 발전해 왔다. 웨어러블 컴퓨터가 보다 일상생활에 밀착하기 위해 패션디자인과의 필연적 결합이 필요하게 된 것이었다. 웨어러블 컴퓨터 디자인이 일부 연구실의 실험용 프로토 타입이 아닌 상업용 패션 제품으로 소비자에게 다가온 것은 2000년대부터이다. 그 시작은 2000년 필립스(Philips)와 리바이스(Levi's)의 컬래버레이션을 통해 만들어진 ICD+재킷(판매가 £800)이었다. ICD+재킷은 전자 기기로서의 구조와 옷으로서의 물성(유연성, 세탁성 등)의 조합과 구성의 방법 등을 제시한 혁신적 제품으로 모바일폰, 미니디스크 플레이어, 이어폰, 마이크폰 등이 결합된 재킷이었다. 이후 2004년 Rosner의 mp3 플레이어 기능의 재킷, mp3와 블루투스 기능으로 모바일과 연동되는 O'Neill의 Hub 재킷, 2006년 iPod 조절용 직물 스위치를 붙인 리바이스의 Red Wire DLX 진 등이 나타났다.

스포츠 분야에 나타난 웨어러블 컴퓨터 디자인은 2004년 런닝화에 압력 센서를 넣어 쿠셔닝 기능을 맞춤형으로 조절하도록 도와주는 아디다스의 Adidas 1, 1.1. 시리즈, 아디다스와 폴라(Polar)의 협업으로 만들어진 직물 센서를 넣어 선수의 심박을 센싱하고 무선 전송하는 스포츠 브라 및 상의 제품, 무선으로 iPod을 조정하고 달린 거리, 소모된 칼로리를 계산해서 전송하는 Nike+iPod 등이 있다. 기능과 연계성을 강조한 웨어러

그림2 Nike+iPod

그림3 Pauline van Dongen의 Wearable Solar Shirt

그림4 CuteCircuit의 Hug Shirt

블 패션디자인으로 전도성 은사의 니팅 기법과 발열 제어기능을 사용해 체온을 따뜻하게 유지시켜 주는 옷인 WarmX, GPS 기능의 인터페이스를 소매에 OLED 디스플레이나 이어폰을 통해 조작하는 O'Neil의 NavJacket, 태양광을 이용한 발전기능을 갖추고 모바일, mp3 플레이어 등을 충전할 수 있도록 하는 Zegna의 Solar 재킷, Voltanic의 백팩, 그리고 Pauline van Dongen의 Wearable Solar Shirt 등이 나타났다.

기능적 특성 외에 감성적 디자인의 요소로 웨어러블 패션디자인을 활용한 사례인 Studio5050의 Embrace-me 후드 티셔츠는 서로 안는 행동을 하도록 유도하는 디자인으로, 후드를 입은 두 사람의 가슴에 있는 전도성 퀼팅 패턴의 접촉을 통해 전류가 흘

그림5 빛을 통해 감성표현을 한 CuteCircuit의 LED Dress

러 등에 부착된 LED가 켜지는 디자인이다. 2006년 타임즈가 선정한 최고의 디자인 중 하나로 선정되었던 CuteCircuit의 Hug Shirt는 끌어안는 동작을 인지하는 센서가 착용자의 동작을 인지하고, 모바일과 연결하여 다른 Hug Shirt 착용자에게 안는 느낌을 전송, 따뜻하게 안기는 느낌을 전달하는 디자인이다.

이와 같이 현재의 웨어러블 패션디자인은 기술적인 부분이 눈에 띄지 않는 패션 제품의 형태로 변화하였고 그 기능도 건강, 엔터테인먼트, 신체의 보호와 강화, 감성의 표현 등 다양한 목적으로 세분화되고 있다.

웨어러블 패션디자인의 종류

웨어러블 패션디자인은 기능과 목적에 따라 세분화되어 있으며 그 범위도 다양하다. 현재 웨어러블 패션디자인 제품의 유형을 기능에 따라 분류하면 운동 관리, 건강 및 의료 기능, 인포테인먼트의 기능, 안전의 기능 등으로 나눌 수 있다.

착용 위치에 따른 종류

웨어러블 패션디자인은 인체의 어느 부분에 착용되는가에 따라 몇 가지 유형으로 분류될 수 있다. 웨어러블 패션디자인은 인체의 머리, 팔, 다리, 몸통을 중심으로 나누어 볼 수 있으며 착용 위치에 따른 기능에도 차이가 있다.

머리를 중심으로 한 웨어러블 패션디자인은 눈을 중심으로 한 스마트 안경, 스마트 콘택트 렌즈가 있고 머리를 중심으로 한 모자, 헤어밴드, 핀, 귀걸이 등이 있다. 눈을 중심으로 한 웨어러블의 기능은 영상을 중심으로 한 기능, 눈물을 이용해 생체 정보를 인식하는 기능이 있으며, 머리를 중심으로 한 경우는 빛과 소리를 이용한 심미적 목적의 웨어러블 패션액세서리류가 많다.

팔을 중심으로 한 웨어러블 패션디자인은 손목에 착용하는 밴드형의 웨어러블 액세서리, 스마트 워치, 손가락에 착용하는 스마트 링, 스마트 장갑, 웨어러블 패션 팔찌 등이 있다. 손목은 신체와 밀착해 심박동을 센싱하기에 적절한 위치이며, 외부에 노출되어 쉽게 신호의 수발신을 확인할 수 있는 특성이 있다. 또한 팔찌나 시계와 같이 전통적으로 액세서리의 착용이 자

그림6 심박동 센서를 가슴에 부착한 기능성 운동복

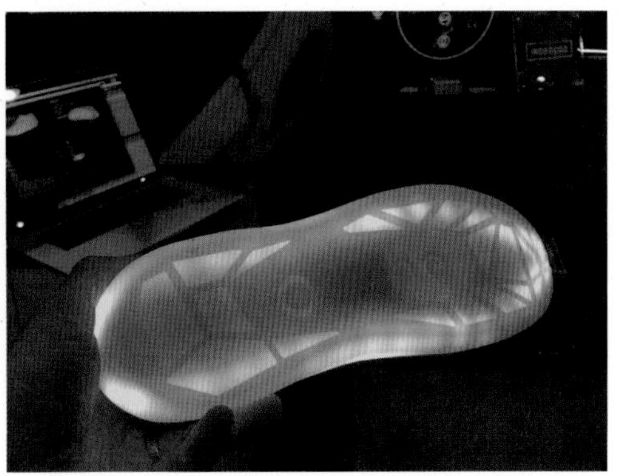

그림7 Orphe LED 운동화 밑창

그림8 웨어러블 패션디자인의 착용 위치에 따른 종류

연스러운 신체 부위이기 때문에 거부감 없이 웨어러블 액세서리를 착용할 수 있다는 장점이 있어, 현재 많은 웨어러블 패션디자인이 손목과 손가락을 중심으로 다양화되고 있다.

다리를 중심으로 한 웨어러블 패션디자인은 스마트 발찌, 웨어러블 기기를 부착한 신발 등이 있다. 스마트 발찌는 웨어러블 기기의 착용을 노출시키지 않고 신체에 밀착해 신호를 감지할 수 있는데, 유아의 발목에 착용하는 스프라우틀링과 같은 디자인은 아기의 울음, 움직임을 감지하고, 주변 소음을 측정하여 정보를 전달하기도 한다. Nike+iPod과 같이 신발에 운동 기능을 감지하는 센서를 넣기도 하며, 움직임과 속도를 감지해 빛을 반짝이는 웨어러블 패션액세서리 신발디자인도 있다.

몸통을 중심으로 한 웨어러블 패션디자인은 신체 신호를 감지하기 위한 가슴 밴드, 속옷, 기능성 운동복 등이 있고, 목에 거는 목걸이형, 허리에 차는 벨트형의 웨어러블 패션액세서리류가 있다. 몸은 심장의 박동과 체온, 땀의 양 등 신체 변화를 즉각적으로 감지할 수 있다는 장점이 있다. 목걸이형과 벨트형의 웨어러블 패션액세서리는 쉽게 착용하고, 벗을 수 있다는 장점이 있으며, 패션액세서리로서의 기능을 겸할 수 있어 기기에 대한 거부감 없이 일상생활에서 사용할 수 있다.

목적 기능에 따른 종류

운동 관리 기능

미국 리서치 전문기업 가트너(Gartner)에 의하면, 전자기기 사용자들이 러닝 운동을 하는 동안에 전자기기를 사용하는 가장 주된 이유는 음악 감상뿐만 아니라 GPS 기능, 러닝앱을 통한 러닝 결과를 수집하는 데 사용한다고 한다. 예를 들어, 웨어러블 디바이스를 피트니스 및 웰빙 기능으로 사용하는 사용자들은 운동 중에 웨어러블 디바이스로 수집된 수치화된 박동수 등을 체크하기 위하여 사용한다. 센소리아 시스템(Sensoria system)의 스마트 트랙커(Smart Tracker)는 스마트 트랙커 애플리케이션과 피트니스 웨어러블 디바이스가 블루투스 기능을 통해 연결되어 운동을 관리해 주며, Nike+iPod은 신발에 센서를 탑재하여 사용자가 신발을 신고 운동을 한 뒤 탑재된 센서를 아이팟에 연결하면 신발의 센서를 통해 아이팟에서 운동량을 확인할 수 있고, 인터넷을 통한 정보의 지속적 관리가 가능하다.

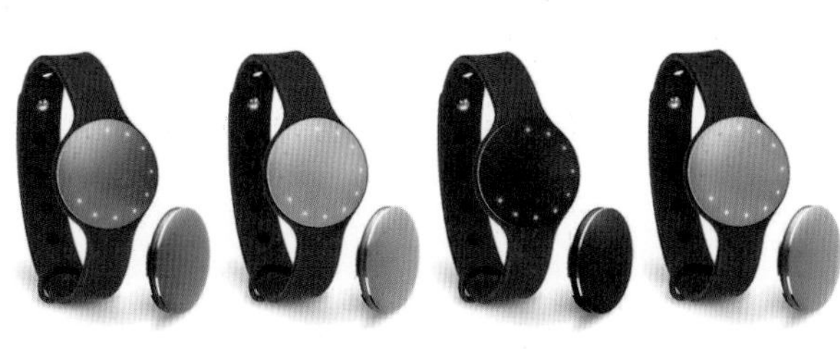

그림9 운동 관리를 위한 손목 밴드형 미스핏 샤인

그림10 미스핏 샤인을 착용한 모습

미스핏(Misfit)의 샤인(Shine)은 작은 조약돌 모양의 단순한 형태로 기존의 운동 관리용 웨어러블 기기 디자인에 혁신을 가져온 제품이다. 단순한 형태의 기기는 목걸이, 밴드, 클립 형태 등 다양한 착용방식으로 사용될 수 있으며, 2015년부터 시작된 스와로브스키와의 협업을 통해 패션화 되는 전략을 선택하고 있다. 웨어러블 디바이스가 아닌 웨어러블 패션디자인의 개념을 적용하고 있는 것이다.

건강 관리 기능

웨어러블 디바이스 시장이 급격하게 성장하게 된 가장 큰 요인 중 하나는 치료 목적의 웨어러블 디바이스가 소비자들에게 많은 관심을 받게 되면서이다. 헬스케어용 웨어러블 디바이스 기능은 WBAN(Wireless Body Area Network)과 유헬스케어(Ubiquitous Healthcare) 기술이 융합된 형태로 기존의 유헬스케어 기술에서 한 단계 더 진보한 기술이다. 웨어러블 디바이스의 헬스케어 기능은 단순히 사용자가 자신의 상태를 입력하던 형태에서 진화하여 자신이 착용하고 있는 전자기기가 정확하게 신체 상황을 측정하여 환자 및 의사에게 전달하는 기능을 수행한다. WBAN은 모든 웨어러블 디바이스의 핵심적 요건으로 의류나 인체에 장착된 디지털 기기들을 무선으로 연결해 인체를 중심으로 자유로운 통신을 하게 하는 근거리 무인체 무선 통신이다.

2015년 출시된 헥소스킨(Hexoskin)은 심박, 수면 변화, 운동량, 스트레스지수 등을 체크하고 전송하는 블루투스 기능을 가진 스마트 셔츠로 세탁이 가능하다. 헬스 트레이너가 운동량과 신체변화 데이터를 전송받아 코칭할 수 있도록 기획된 디자인이다. 미모(Mimo) 사의 유아복은 실시간으로 유아의 상태를 모니터링해 부모에게 전송하는 웨어러블 센서를 부착하고 있다.

인포테인먼트 기능

인포테인먼트(Infortainment)는 정보(Information)와 오락(Entertainment)의 합성어로, 정보의 전달에 오락성을 가미한 소프트웨어 또는 미디어를 가리키는 용어이다. 대표적으로는 삼성전자, 구글, 애플 등과 같은 기술선도업체를 중심으로 스마트 안경, 시계형 웨어러블 디바이스 밴드를 개발하고 있다. 웨어러블 디바이스의 경우 음성인식 기능, 플렉시블 디스플레이, 아이폰 연동 가능, 카메라 등 휴대폰의 기본 기능을 탑재하고 있다.

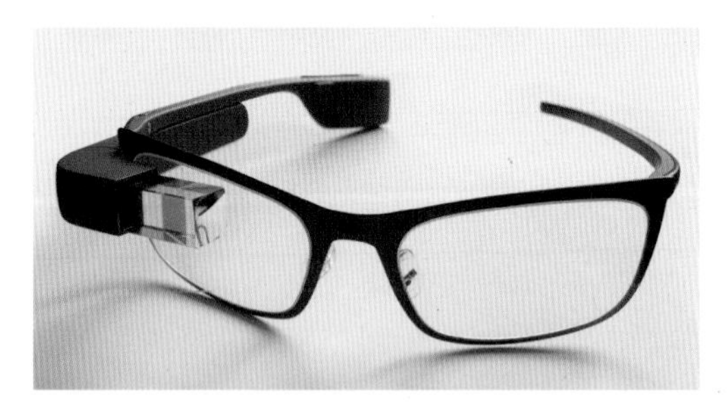

그림11 구글 글래스

그림12 애플워치

스마트 안경은 스마트폰의 증강현실 Augmented Reality, 또는 AR 기능을 그대로 웨어러블 디바이스로 구현한 형태로서 투명 스크린, HMD(Head Mounted Display), HUD(Head Up Display) 등의 디스플레이 장치를 안경 형태의 디바이스에 부착하여 음성명령으로 시스템을 손쉽게 제어할 수 있는 특징이 있다. 구글 글래스의 경우 실시간 사진 촬영, 길 찾기, 언어 번역, 동영상 재생, 화상통화, 메시지 전송, 인터넷 접속 등의 기능이 가능하다. 일본 NTT 도코모가 2013년 선보인 인텔리전트 글래스(Intelligent glasses)는 손가락에 끼는 반지 형태의 장치와 카메라와 적외선 센서가 있는 헤드셋을 끼고 증강현실, 음성인식, 가상 인터페이스 인지 등을 하는 기능을 탑재하고 있다.

안전과 보호의 기능

웨어러블 디바이스의 적용 영역이 점차 넓어짐에 따라 다양한 센서 기술을 활용하여 사고를 예방하거나 안전을 도모하기 위한 제품들이 많아지고 있다. 이런 제품은 착용 목적에 따라 다양한 센서 기술을 활용하고 있다.

예를 들어, 옷의 앞뒤로 240개의 LED를 부착한 레이리어(RAYLIER) 재킷은 착용 시 램프의 발광으로 헤드라이트 역할을 할 수 있고, 모터사이클과의 링크로 방향등 및 비상등과 연동이 가능하며, 속도감지센서를 통해 브레이크 등의 역할도 한다. 웰트(WELT)사의 스마트 벨트는 허리둘레, 앉은 시간, 과식 여부를 측정하여 건강관리에 도움을 줄 뿐 아니라, 걸음수와 몸의 중심을 측정하는 가속도 센서와 자이로 센서를 통해 착용자의 보행 패턴과 자세를 감지하고, 낙상의 위험을 미리 예측한다. (주)스마트에프앤디의 학생복 브랜드인 리틀스마트는 미아방지를 위한 NFC(Near Field Communication) 태그를 유아복에 부착하여 착용자의 정보를 빠르게 확인할 수 있도록 하고 있다. 또한, (주)세이프웨어의 추락보호복은 추락 및 인체보호용으로 내장된 추락감지센서가 착용자의 추락을 감지하면, 0.2초 내에 자동으로 에어백을 팽창시켜서 최대 55%까지 몸의 충격을 완화한다. 또한 사고 발생 시 IoT(Internet of Things) 통신 모듈을 통해 사고자의 위치를 등록된 문자 메시지로 발송하고, E-call로 응급콜을 전송하여 사고자의 골든타임을 확보할 수 있다. 두크레 테크놀로지(Ducere Technology)의 리첼(LeChal)은 GPS(Global Positioning System)를 활용한 시각 장애인용 스마트 신발로, 스마트폰 앱과 신발의 인솔에 내장된 바이브레이터의 진동을 통해 목적지까지 안전하게 이동할 수 있도록 정보를 제공한다.

감성 표현에 따른 종류

현재까지 웨어러블 디바이스와 웨어러블 패션은 모두 센싱 및 통신 기능과 인체공학적, 물리적 재료 측면을 강조하며 발전해 왔다. 그러나 미래의 웨어러블 디자인의 방향성은 지금까지의 기술 중심적인 디자인보다 인간이 가진 감성을 표현하거나 자기실현의 즐거움 등 비물질적이고 감성적 속성을 만족시키는 방향으로 발전할 것으로 보인다. 즉, 웨어러블 디자인은 착용자의 개성과 감성을 표현하고 소속감을 보여주는 도구, 자아 성취감과 만족감을 스스로 느끼

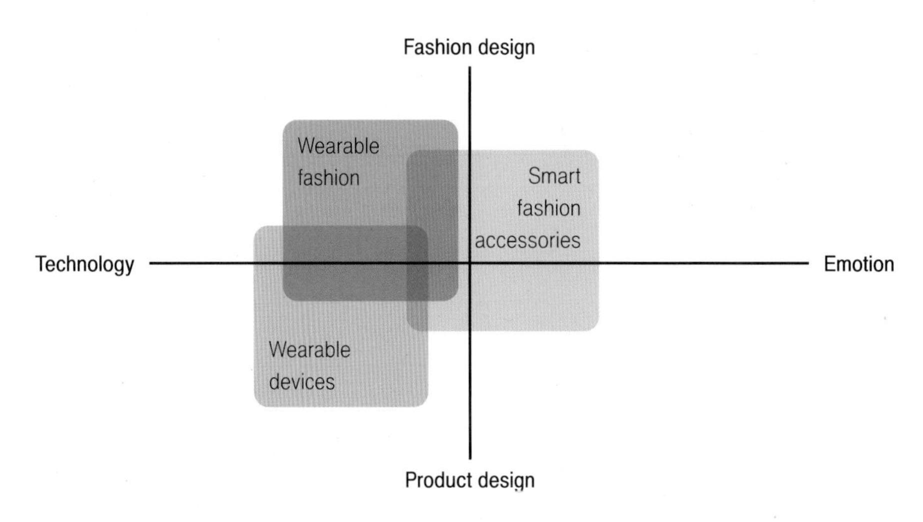

그림13 웨어러블 패션과 스마트 패션액세서리의 포지셔닝

게 하는 도구로서 확장될 것이다.

빛을 조형적으로 이용한 디자인

빛을 이용한 스마트 핸드백인 쿠론의 핸드백은 가방 표면에 정사각형 엠블럼을 부착한 격자 무늬의 가방으로, 가방 안에 넣어둔 스마트폰에서 전화가 오거나 메시지가 오면 엠블럼 가장자리 LED가 빛을 내 반짝이며, 스마트폰과 가방이 일정 거리 이상 떨어지면 경고의 불빛을 내어 분실을 방지해 주기도 한다. 이를 위해 가방 안쪽에 탈부착이 가능한 NFC(Near Field Communication, 근거리무선통신)칩과 블루투스 기능을 넣은 웨어러블 디바이스를 부착하였다. 또 다른 사례는 디자이너 김영희의 Gravity of light로 3D프린팅을 한 메시 구조의 모자에 LED를 넣은 디자인이다. 거리가 어두워지면 빛 센서가 작용해 빛이 켜지는 구조로, 빛을 발하는 LED의 형태와 메시의 구조적 형태가 잘 어우러진 디자인이다(그림 14).

그림14 빛을 이용한 스마트 패션액세서리 디자인
© Younghui Kim/Yejin Cho 2012–2016

그림15 LED 운동화

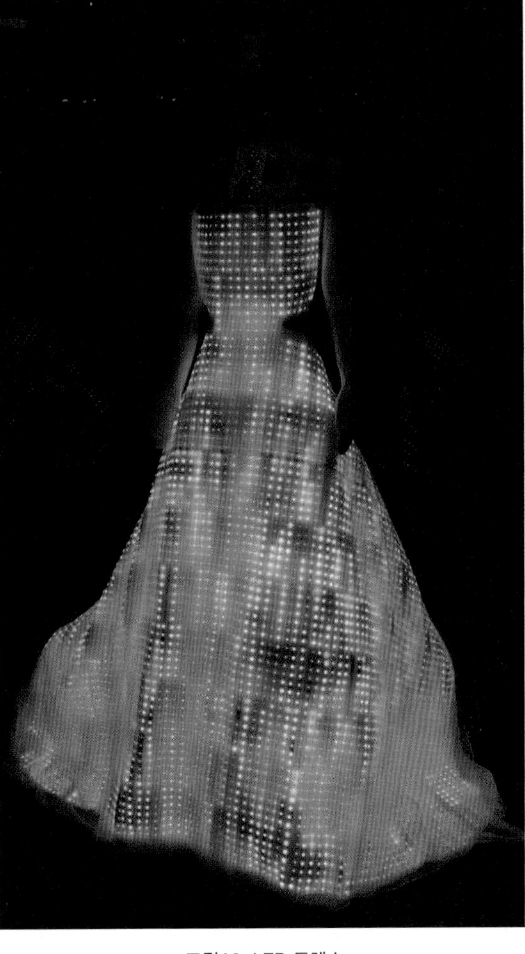

그림16 LED 드레스

패셔너블 웨어러블, 겉으로 드러나지 않는 기술

패셔너블 웨어러블(Fashionable wearable)을 추구하는 핏빗(Fitbit)은 패션의 다양한 감성을 웨어러블의 기능과 연결하기 위해 패션 브랜드와의 컬래버레이션을 지속적으로 추구하고 있다. 핏빗은 패션 브랜드 토리버치(Tory Burch)와의 컬래버레이션을 통해 기계의 차가운 느낌에서 벗어난 감각적인 패션액세서리를 선보였다. 핏빗의 기본 기능인 걸음걸이, 칼로리 소모량 계산 등의 운동 관리 기능과 수면 상태 측정기능을 가진 팔찌는 가죽과 금도금 메탈 소재로 디

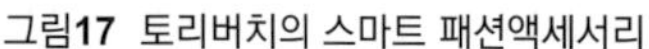

그림17 토리버치의 스마트 패션액세서리

그림18 MICA 팔찌

자인되었으며, 목걸이나 밴드형으로 바꾸어 사용할 수 있다. 또한 토리버치의 로고 등 디자인 요소를 강조해 일상생활에서 착용하기에 전혀 이질감이 없는 특성을 가지고 있다.

커프(Cuff)는 GPS 기반 안전 장치를 활용한 패션액세서리이다. 작은 사각형의 모듈러인 커프링크(Cufflinc)는 비상시 안전을 위해 커프를 누르면 스마트폰으로 위치정보와 함께 위험에 처해 있다는 정보가 보내지고, 모바일과 연동해 전화와 메시지 전송내역을 진동으로 알려주기도 한다. 또한 앱과 연동해 건강 관리와 수면 관리 기능을 하기도 한다. 커프는 열쇠고리, 팔찌, 목걸이, 펜던트 등 9가지가 넘는 패션액세서리에 탑재되어 출시되고 있으며 가죽을 활용한 액세서리도 출시되고 있어 다양한 패션소재를 활용하여 선택의 폭이 넓은 디자인이며, 여성 소비자를 타깃으로 세분화된 디자인을 출시하고 있다. 레베카 민코프(Rebecca Minkoff)의 팔찌는 연결을 풀면 USB 커넥터로 바뀌며 아이폰을 충전하거나 데이터를 기록하는 기능을 갖추고 있다.

네타트모(Netatmo)의 준(June)은 자외선을 감지하는 센서가 내장된 팔찌로 자외선 지수 및 일광에 노출된 시간 데이터 등을 모바일에 전송하는 기능, 알람 기능을 갖추고 있어 자외선으로부터 피부를 보호할 수 있도록 지원한다. 크리스털과 가죽을 이용해 스타일을 강조한 디자인은 패셔너블한 웨어러블 패션액세서리의 방향성을 잘 보여주는 디자인 사례이다.

패셔너블 웨어러블(Fashionable wearable)을 추구하는 링리(Ringly)의 팔찌와 반지 형태의 웨어러블 디바이스는 진동 모터와 블루투스 LED, 가속도 센서, 그리고 색상이 바뀌는 LED를 탑재하여 스마트폰과 연동 시 걷기 패턴과 칼로리 추적, 운동량 등의 데이터를 제공해 준다. 이뿐만 아니라 전화 메시지 등의 알림 기능도 제공한다. 감각적인 디자인을 통해 일상생활에서 착용하는 스타일로 접근한 디자인은 패셔너블 웨어러블 패션액세서리의 방향성을 잘 보여주는 디자인 사례이다.

감성적 커뮤니케이션 매체로 사용되는 웨어러블 패션

착용자의 주변 환경에 반응하고, 반응한 결과를 감성적으로 표현하는 웨어러블 디자인의 예로, 브랜드 레인보우 윈터스(Rainbow Winters)는 사용자 환경에 반응하는 의상들을 선보였는데, 그 중 하나는 "시각적 음악(Visual music)"을 구현한 의상이다. 이 웨어러블 패션디자인은 홀로그램 가죽으로 만들어졌으며, 소리에 반응하여 음악 볼륨이 증가하면 조명이 켜진다. 또한, 빛에 반응하여 중앙 LED 패널이 보라색 점으로 변하는 수영복도 선보였다.

패션 디자이너 잉 가오(Ying Gao)는 사용자의 주변 환경에 반응하고, 상호작용하는 웨어러블 디자인을 지속적으로 선보이고 있다. 잉 가오는 주변 환경의 소리 주파수를 감지해, 소리 방향에 반응하는 특수 제작된 핀들을 부착한 의상을 디자인했다. 이 웨어러블 디자인은 외부 소리에 반응하여 의상의 직물이 스스로 물결과 같은 움직임을 만들게 하고, 이를 통해 살아있는 생명체와 같은 이미지를 만들어냈다. 환경과 착용자와의 상호작용성을 표현하는 커뮤니케이션 도구로 사용되는 웨어러블 패션디자인의 감성적 활용 방향성을 잘 보여주는 사례이다.

디붐슬링백(Divoom Pixoo Sling Bag)은 LED 픽셀아트가 나오는 감각적인 디자인의 슬

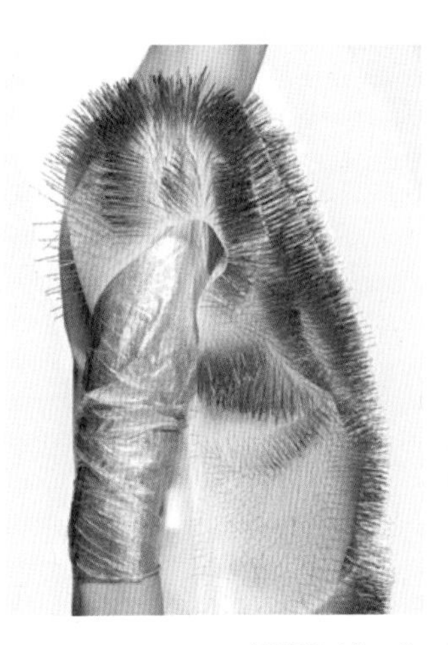
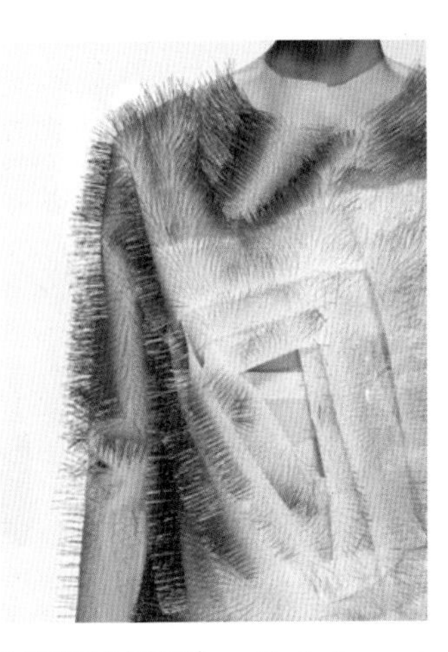
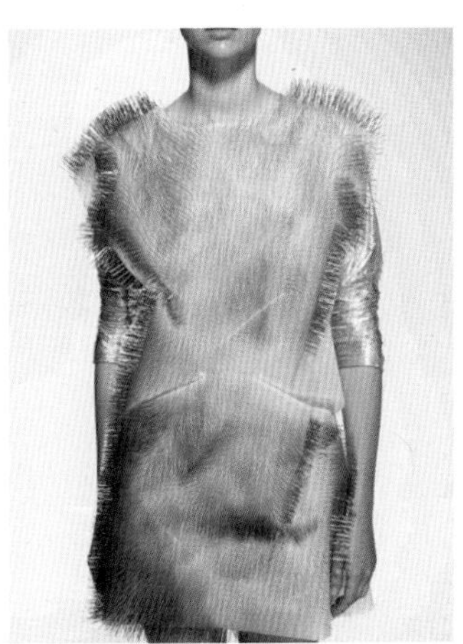

그림19 Ying Gao의 웨어러블 디자인(Incertitudes: sound activated clothing)

그림20 아이스카이네트웍스(Iskynetworks)의 디붐슬링백(Divoom Pixoo Sling Bag)

링백으로 시계, 수신호, 알람, 게임 등의 다양한 기능을 탑재하고 있으며 사용자의 상황과 필요에 따라 다양하게 활용될 수 있다. 휴대용 보조배터리를 활용해 LED 픽셀아트 구현이 가능하며 스마트폰 전용 앱을 통해 사용자가 직접 LED 픽셀아트의 제작과 공유도 가능하고 전면 LED의 전자 텍스트와 픽셀아트를 제어할 수 있다. 사용자의 미적 감각과 감성을 표현할 수 있는 매우 상호작용적인 웨어러블 디자인의 사례로 스마트폰과 함께 성장하는 세대를 위한 스트리트 웨어로서 디지털 패브릭과 앱 간의 연결을 통해 웨어러블 디자인을 개인화하고 소비자의 일상생활을 통합할 수 있는 방법에 중점을 두고 있다.

SMART FASHION ACCESSORIES DESIGN

릴리패드를 이용한 스마트 패션액세서리 디자인

스마트 패션액세서리 디자인의 기본 구조

스마트 패션액세서리는 전통적인 패션액세서리에 마이크로프로세서(Micro processor) 등의 전자 장치를 부착하여 빛, 소리, 움직임 등의 변화를 디자인 요소로 활용한 것을 이야기하며, 센서의 연결에 따라 착용자나 주변 환경의 변화를 감지하여 디자이너가 설계한 함수에 따라 동작하는 디자인이 여기에 포함된다. 스마트 패션액세서리는 기존 패션액세서리의 형태나 종류가 바뀌는 것이 아니라 디지털 데이터의 입출력장치가 부가되어 기능과 조형성이 강화되는 것을 의미한다.

패션액세서리에 부착될 수 있는 전자 장치는 여러 가지 종류가 있지만, 가장 쉽게 프로토타입 제작에 활용할 수 있는 것으로 범용되는 오픈소스 소프트웨어인 아두이노(Arduino) 계열의 장치인 릴리패드 아두이노(Lilypad Arduino)가 있다. 릴리패드는 웨어러블 디자인과 스마트 직물에 적용하기 위해 만들어진 마이크로프로세서로, 크기가 작고 두께가 얇으며, 회로판의 디자인이 외부로 노출되어 사용되는 것을 고려해 만들어졌기 때문에 시각적으로도 매력적인 형태를 가지고 있다. 특히, 유연하게 움직이는 직물 위에 사용하는 것을 염두에 두고 만들었기 때문에 전선을 납땜하는 대신 전도성 실을 사용해 봉제할 수 있으며 인체의 움직임에

표1 직물용 웨어러블 디자인에 적용되는 마이크로프로세서 종류

제조사	웨어러블 디자인용 마이크로프로세서 종류				
Sparkfun	Lilypad Arduino Main Board	Lilypad Arduino USB	Lilypad Arduino Simple Board	Lilypad Arduino Simple Snap	Lilypad Tiny
Adafruit	Flora	Gemma			
Intel	Edison				

자유로운 장점이 있다. 또한 LED, 센서 등의 연결이 쉽고, 간단한 프로그래밍을 통해 움직임과 인터랙션을 구현할 수 있다.

릴리패드와 같은 마이크로프로세서를 동작시키기 위해서는 크게 3가지 단계를 거치게 된다. 즉, 데이터를 입력하기 위한 환경의 설정, 마이크로프로세서 보드에 소스코드 입력하기, 보드에 연결된 장치들에 데이터 출력을 통해 동작을 시키는 단계이다. 데이터를 입력하기 위해서는 아두이노에서 제공하는 아두이노 통합개발환경(Integrated Development Environment; IDE) 소프트웨어가 필요하다. IDE는 아두이노 홈페이지(https://www.arduino.cc)에서 무료로 다운받을 수 있는 개발자용 공용 프로그램이다. 이 프로그램을 통해 소스코드를 작성하고, 마이크로프로세서 보드에 업로드를 통해 입력할 수 있다. 아두이노 계열의 보드들은 아두이노 IDE를 통해 소스코드를 공유해 사용할 수 있는 장점이 있다. 아두이노 IDE를 이용해 동작 및 기능에 대한 소스코드를 작성하는 것을 스케치(Sketch)라고 하며, 파일 메뉴의 예제를 통해 기본적인 스케치를 다운받아 사용할 수 있다. 그 다음, 확인 버튼을 눌러 작성된 스케치 자료를 컴퓨터 기계어로 바꿔주는 컴파일(Compile) 과정을 진행한다. 컴파일 과정 중 데이터의 오류 등이 자동 체크되며, 코드 작성에서 발생한 오류 내용에 대한 자세한 메시지를 하단의 창에서 볼 수 있다. 스케치 오류를 수정하고, 컴파일이 완성되었다는 메시지가 뜨면, 전송 버튼을 눌러 컴파일된 스케치 내용을 보드로 전송하게 된다. 데이터가 릴리패드 보드로 전송이 완료되면 보드의 LED가 깜박이며, 전송되었다는 메시지가 창 하단에 뜨고, 원하는 장치들의 동작이 시작될 것이다. 만약 전송에 오류가 났다면 포트 주소가 정확히 입력되었는지, 도구 메뉴에서 포트를 확인해 보는 것이 좋다. 각 단계에 대한 내용을 순서별로 설명하면 다음과 같다.

① 아두이노 통합개발환경(IDE) 소프트웨어 실행
② 릴리패드 보드와 컴퓨터, 각종 장치들(LED, 모터, 센서, 모듈 등)을 연결
③ 보드에 연결된 장치들을 동작하도록 스케치(Sketch, 소스코드) 작성
④ 아두이노 개발환경에서 스케치 컴파일
⑤ 아두이노 개발환경에서 컴파일된 바이너리를 아두이노 보드에 업로드
⑥ 아두이노 보드의 연산과 각종 장치의 동작

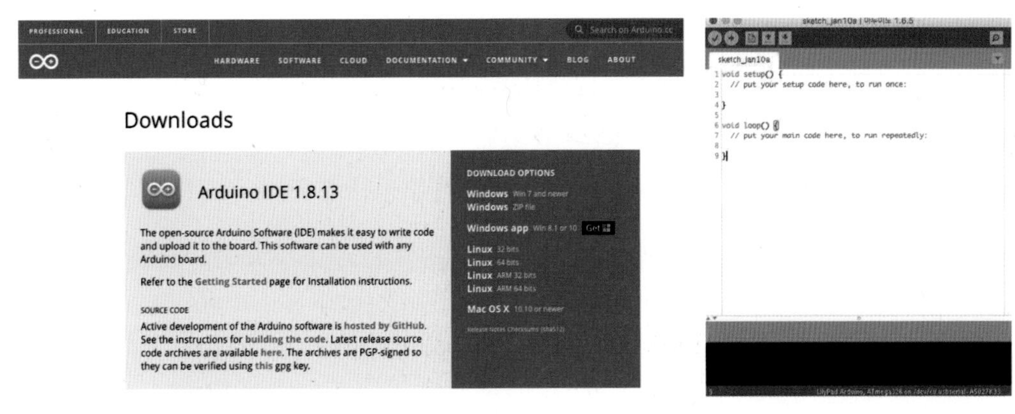

그림21 아두이노 IDE 소프트웨어 다운로드
자료: https://www.arduino.cc/en/software

그림22 아두이노 IDE의 스케치 창

기본 재료

릴리패드의 기능 구현을 위해서 필요한 기본 재료는 다음과 같다. 이 장에서는 주요 재료별 내용과 사용방법을 알아보자.

- 릴리패드 아두이노 보드(LilyPad Arduino Board)
- FTDI 커넥터
- 릴리패드용 전원장치와 전지(AAA전지, 코인셀전지 20mm, CR2032 또는 리튬전지 3.7V, 110mAh 또는 1000mAh)
- LED, 스위치, 각종 입력 센서류(빛, 온도, 압력, 소리, 위치 등), 저항
- 케이블(FTDI USB 케이블)
- 아두이노 개발환경(IDE, 자신의 PC종류에 맞는 애플리케이션)
- 전도성 실과 바늘, 직물
- 악어 클립 컬러케이블 A형

릴리패드

릴리패드(LilyPad)는 옷에 부착하는 크기가 작고 두께가 얇은 꽃잎 모양의 보드로 아두이노(Arduino) 보드의 한 종류이다. 아두이노는 마이크로컨트롤러 보드로서 센서를 통해 입력된

신호를 판별하고 그 값이 무엇을 의미하는지 파악한 후에 어떤 출력장치를 동작시켜야 하는지를 판별하는 연산장치이다. 릴리패드는 옷이나 원단에 전도성 실로 봉제하여 센서와 전원장치를 연결하는 스마트 의류 또는 액세서리의 제작에 사용된다.

릴리패드의 프로그래밍은 아두이노 프로그래밍 환경에서 시작한다. 컴퓨터에 업로드하려면 연결 핀이 6개인 FTDI 프로그래머나 FTDI 케이블이 필요하다.

릴리패드의 종류

릴리패드는 용도에 따라 입출력 핀의 수가 다르거나 컴퓨터와 연결하는 커넥터 종류가 다른 몇 가지 보드를 선택해서 사용할 수가 있다.

⁄ 릴리패드 아두이노 메인 보드

릴리패드 아두이노 메인 보드(LilyPad Arduino Main Board)는 핀이 22개이고 각각의 핀은 (+)와 (−)를 제외하고 빛 센서, 버저, 스위치 등의 출력장치를 연결하여 제어할 수 있다. 릴리패드 아두이노의 두뇌에 해당되는 메인 보드는 ATmega328V 마이크로컨트롤러를 사용하고 있으며 보드의 중앙에 위치한다. 이 보드는 2~5V의 전압에서 작동하며 각 핀의 구멍에 전도성 실을 연결해 사용할 수 있고, 22개 핀 중 (+), (−) 핀을 제외한 나머지 핀들은 입력장치 또는 출력장치와 연결해서 사용할 수 있다. 릴리패드의 아날로그 핀(a2−a5)과 디지털 핀(5, 6,

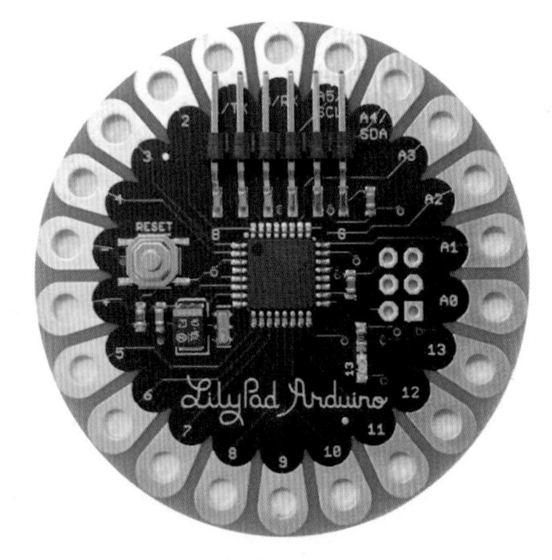

그림23 릴리패드 메인 보드 앞면

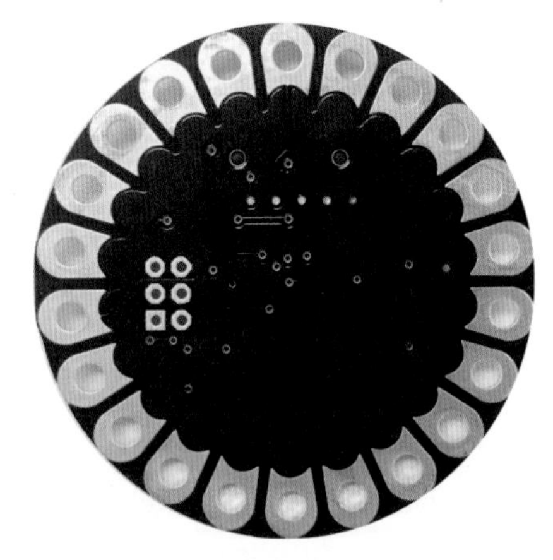

그림24 릴리패드 메인 보드 뒷면

9–11, 16–19)은 + 역할을 한다. 릴리패드의 (+) 극과 각 핀의 차이점은 릴리패드의 (+) 극은 연결하면 입출력장치가 무조건 동작하는 반면, 아날로그 핀과 디지털 핀은 프로그래밍을 통해 제어할 수 있다는 점이다.

릴리패드 아두이노 메인 보드는 외경이 50mm이며, 두께 0.8mm PCB 기판을 사용한다.

/ 릴리패드 아두이노 심플 보드

릴리패드 아두이노 심플 보드(LilyPad Arduino Simple Board)는 릴리패드 아두이노 메인 보드에 비해 핀의 수가 적어 (+)와 (–)를 포함하여 11개의 핀이 있어 더 간단한 작업에 사용될 수 있으며, 각 핀들은 입출력으로 사용된다. 11개의 핀은 (+) 극, (–) 극, 4개의 아날로그 핀(a2, a3, a4, a5)과 9개의 디지털 핀(5, 6, 9, 10, 11, 16, 17, 18, 19)으로 구성되어 있다. 아날로그 핀은 숫자 앞에 a가 붙어 있으며, 아날로그 데이터를 입출력할 때 사용하는 핀이다. 아날로그 핀은 디지털 데이터 입출력 공용으로 사용될 수 있는데, 디지털 데이터 입출력 시 핀 번호를 디지털 핀 번호로 입력해 주면 된다. 보드를 보면 아날로그 핀 아래 공용되는 디지털 번호가 다음과 같이 써 있다.

아날로그 핀은 LED 불빛의 세기를 표현하거나 빛 센서나 온도 센서로부터 받은 입력값을

표2 릴리패드 아두이노 심플 보드의 핀 번호

아날로그 핀 번호	디지털 핀 번호	비고
	5	디지털 전용 핀
	6	
	9	
	10	
	11	
a2	16	아날로그/ 디지털 공용 핀
a3	17	
a4	18	
a5	19	

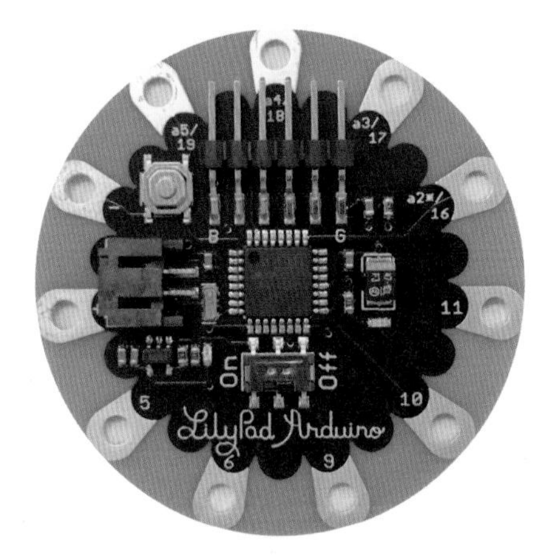

그림25 릴리패드 심플 보드 앞면

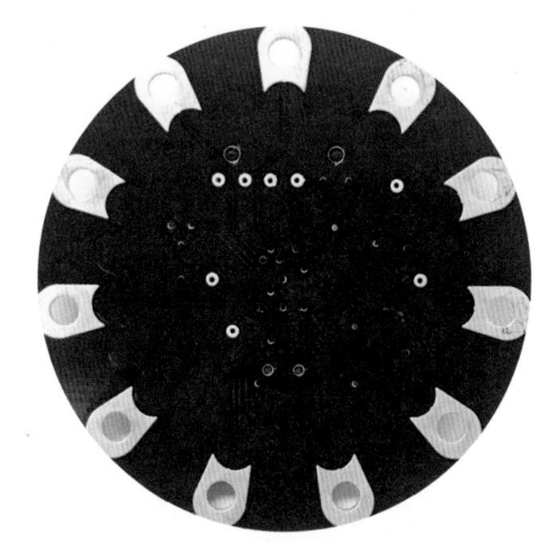

그림26 릴리패드 심플 보드 뒷면

읽을 때 사용한다. 보드 중앙의 사각형 형태의 ATmega328 칩을 기반으로 하며, 릴리패드 아두이노 메인 보드와 마찬가지로 FTDI 케이블을 사용하여 프로그래밍된 내용을 업로드할 수 있다. 릴리패드 아두이노 메인 보드와 달리 리튬전지를 끼울 수 있는 JST 서킷과 ON/OFF 전원스위치 버튼이 포함되어 있다. 외경은 50mm이다.

/ 릴리패드 아두이노 USB

릴리패드 아두이노 USB(LilyPad Arduino USB)는 릴리패드 아두이노 메인 보드의

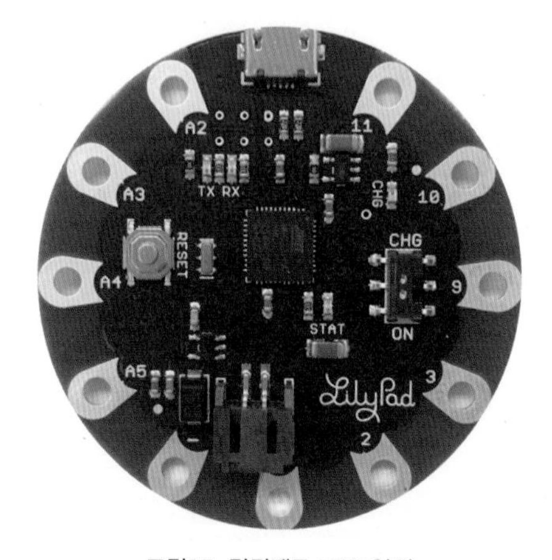

그림27 릴리패드 USB 앞면

그림28 릴리패드 메인 보드 뒷면

ATMega328칩이 ATMega32U4로 교체되어 FTDI가 필요 없으며, 마이크로 USB 케이블만 있으면 소스코드의 입력이 가능하다. 릴리패드 아두이노 심플과 같이 직접 리튬전지를 연결할 수 있고, ON/OFF 스위치가 보드에 있다.

입출력 핀이 9개인 릴리패드 아두이노 USB는 11개의 핀이 있고, 5개의 핀은 PWM 출력으로 사용하고 4개의 핀은 아날로그 출력에 사용한다. 릴리패드 심플 보드에 프로그래밍하기 위해서는 한쪽은 마이크로 USB를 꽂고, 다른 쪽은 USB A형 케이블을 사용하여 컴퓨터에 연결하여 사용한다. 외경이 50mm 크기로 릴리패드 아두이노 메인 보드와 크기가 동일하다.

/ 릴리패드 아두이노 심플 스냅

릴리패드 아두이노 심플 스냅(LilyPad Arduino Simple Snap)은 모듈러 시스템으로 탈부착이 가능한 디자인에 활용하기 편리한 보드이다. 릴리패드 아두이노 심플 스냅은 릴리패드 아두이노 심플 보드와 유사하지만 2가지가 다르다. 첫째, 충전식 리튬전지가 보드에 부착되어 있고, 둘째, 암수 스냅 연결 버튼이 있다는 점이다. 스냅으로 탈부착할 수 있어 세탁이 용이하고 여러 개의 디자인에 보드를 옮겨서 사용하거나 바꾸어 사용할 수 있는 편리함이 있다. 프로그래밍과 업로드 방법은 위의 릴리패드 아두이노 메인 보드의 사용방법과 동일하다. 외경은 50mm로 동일하다.

그림29 릴리패드 아두이노 심플 스냅의 앞면

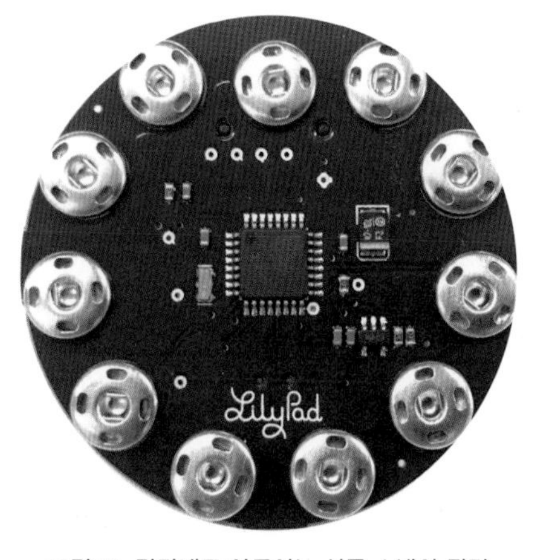

그림30 릴리패드 아두이노 심플 스냅의 뒷면

/ 릴리타이니

릴리타이니(LilyTiny)는 가장 작은 릴리패드 보드로, ATtiny 마이크로컨트롤러를 부착하고 있으며, 4개의 핀을 가지고 있다. 빛을 이용한 동작이 이미 프로그래밍 되어 있어 4개의 LED를 배터리와 연결해 사용하면 되는 단순한 구조이다. 크기는 동전보다 작은 크기로 외경이 20mm이다. 4개의 핀은 각기 다른 빛의 효과를 내도록 프로그래밍되어 있는데 2번 핀은 켜지고 커지는 기능이며, 1번 핀은 심장박동의 패턴과 같이 반짝이며, 0번 핀은 숨쉬기 기능과 같은 패턴으로 빛이 켜진다. 3번 핀은 랜덤하게 빛이 페이드(fade)되는 기능이다.

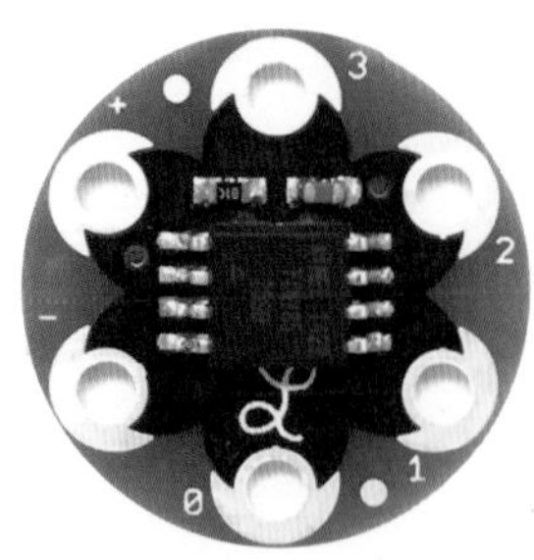

그림31 릴리타이니 앞면

그림32 릴리타이니 뒷면

릴리타이니는 손쉽고 빠르게 빛을 이용한 효과를 별도의 프로그래밍 없이, 작고 가볍게 디자인에 넣을 수 있는 장점이 있지만 원하는 효과를 효과적으로 내기는 어렵다. 만약 프로그래밍을 해서 업로드를 하고 싶다면 기판 뒷면에 있는 ICSP 프로그래밍 커넥터를 끊어 주어야 한다.

그림33 릴리타이니의 크기

입력장치

릴리패드를 이용하여 스마트 웨어나 패션액세서리를 제작할 때 사용되는 입력장치는 빛 센서, 온도 센서 등의 센서류와 버튼, 스위치 등 종류가 다양하다.

/ 빛 센서

빛의 밝기에 따라 0~5V 범위에서 출력전압을 읽는 장치이다. 일광에 노출되면 5V, 빛이 차단되면 0V, 일반적인 실내 조명하에서는 1~2V 정도의 아날로그 전압이 출력된다. 빛 센서는 외부 밝기를 감지해, 이에 따른 출력장치가 가변적으로 움직이도록 설계하는 방식으로 사용된다. 빛 센서에는 (+), (–), 센서 핀인 (S) 핀 이렇게 3개가 있으며 릴리패드와 연결하는 방법은 〈그림 29〉와 같다. 센서 핀인 (S)를 아날로그 핀 중 하나인 A3에 연결하고, (–) 핀은 릴리패드의 (–), (+) 핀은 아날로그 핀 (+)에 연결했다. 빛 센서는 외경 20mm의 크기이다.

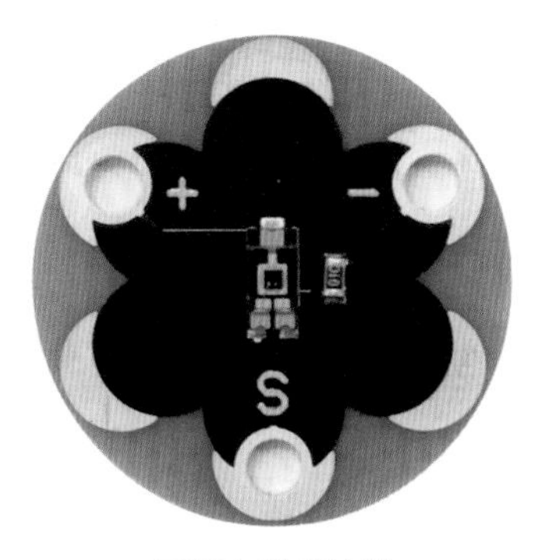

그림34 빛 센서 앞

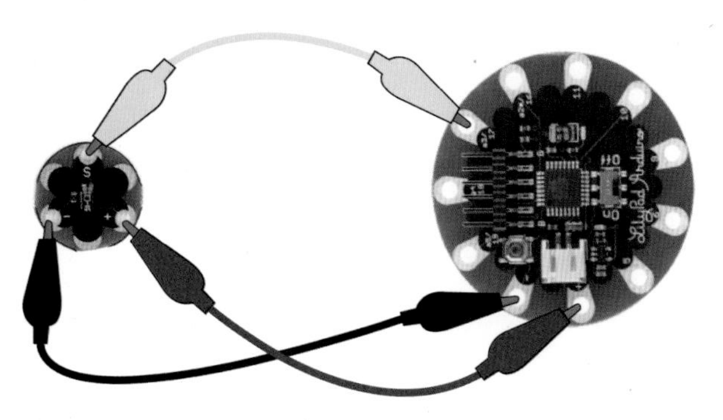
그림35 빛 센서를 릴리패드 아두이노 심플 보드에 연결하는 방법

/ 온도 센서

온도를 감지하는 센서로 0℃에서 0.5V, 25℃에서 0.75V와 같이 출력전압을 나타낸다. 접촉에 의해 체온을 감지하거나, 주변의 온도 변화를 감지할 수 있는 센서이다. 온도 감지 범위는 –40~125℃이며 ±2℃ 차이의 정확도로 온도를 감지할 수 있다. 빛 센서와 유사하게 생겼으나, 가운데 온도를 감지하는 검은색 사각형 칩이 있다. 외경은 20mm이다.

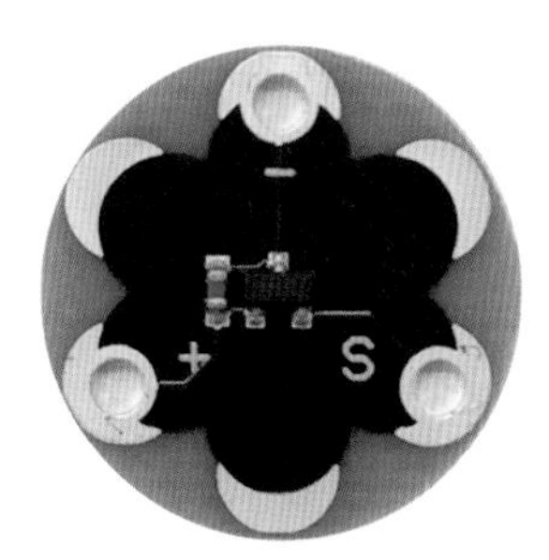

그림36 온도 센서 앞면

그림37 온도 센서 뒷면

/ 가속도 센서

가속도 센서는 움직임, 진동 등을 감지

그림38 가속도 센서 앞면

그림39 가속도 센서 뒷면

할 수 있는 장치로, X, Y, Z축을 기준으로 센서의 위치변화를 체크하는 원리이며, X, Y, Z축마다 출력전압 0~3V이다.

/ FTDI 프로그래머, USB 케이블

데이터 입력을 위한 장치로 컴퓨터에서 프로그래밍한 내용을 릴리패드에 전송하기 위해 컴퓨터와 릴리패드 아두이노를 연결할 FTDI 프로그래머와 컴퓨터 USB 포트와 연결을 위한 마이크로 USB 케이블이 있다. 릴리패드 아두이노 메인 보드와 릴리패드 아두이노 심플 보드에는 FTDI 연결을 위한 6개 핀이 노출되어 있어 쉽게 연결이 가능하다.

그림40 FTDI 프로그래머 앞면

그림41 FTDI 프로그래머 뒷면

그림42 마이크로 USB 케이블

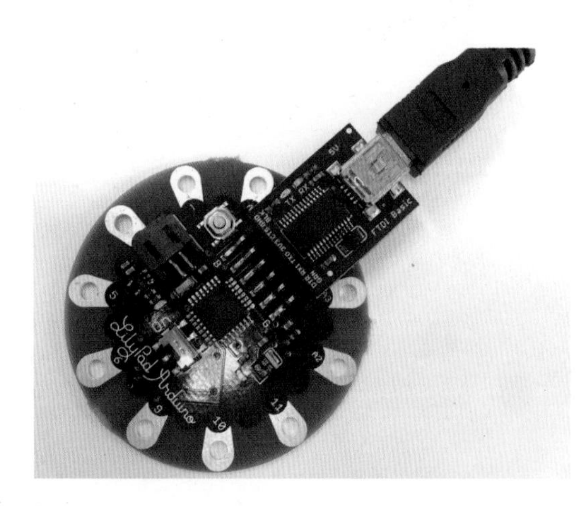

그림43
릴리패드 아두이노 심플 보드와
FTDI가 연결된 모습

출력장치

/ LED

LED는 화합물에 전류를 흘려 빛을 발산하도록 하는 반도체 소자로, 릴리패드에 연결하는 LED는 흰색, 녹색, 노랑, 파랑, 빨강, 분홍의 6개 색이 있다. 이보다 다양한 색상을 표현하기 위해서는 색상조합이 가능한 RGB LED를 사용할 수 있다. LED는 릴리패드 아두이노 보드의 디지털 핀과 아날로그 핀에 모두 연결할 수 있고, RGB LED를 아날로그 핀에 연결할 경우는 0~255까지의 값을 조절하여 빛의 색상을 조절할 수 있다.

그림44 릴리패드용 LED

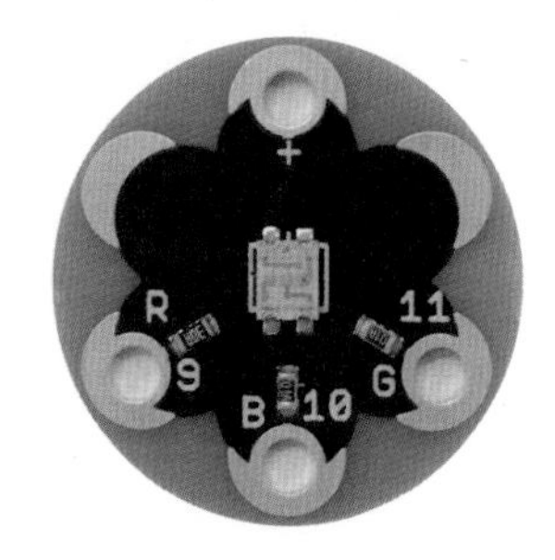

그림45 RGB LED

RGB LED는 R(red), G(green), B(blue)의 3가지 색상을 0~255값으로 조합하여 다양한 색상을 표현할 수 있는 출력장치이다. RGB LED는 R, G, B별로 각각 다른 핀에 연결하여 각 값을 조절하여 빛의 색상 조합을 만드는 데 사용된다. RGB 색상을 설정하기 위해서는 R, G, B의 값을 입력해야 원하는 색을 얻을 수 있다. 일반 LED는 5×11mm 크기이며, RGB LED는 외경 20mm 크기이다. 릴리패드용 LED는 내부 저항이 들어 있어 따로 저항을 사용할 필요가 없다.

/ 버저 모듈

버저 모듈(Buzzer module)은 릴리패드로부터 받은 데이터로 진동음을 내는 출력장치로 소리의 톤 조정을 통해 멜로디나 알람, 특별한 멜로디 등을 만들 수 있다. 버저 모듈의 내부에는 코일과 작은 자석이 들어 있고, 코일에 전류가 흐르면 자성이 생겨 자석과 붙는 과정에서 소리가 생기는 원리이다. 1초에 수천 번의 자성이 생기면서 톤이 생기는데, 자성이 생기며 진동하는 주파수를 조정하면서 톤의 높이를 조정하게 된다. 더욱더 복잡한 멜로디를 구현하기 위해서는 각 조성별 주파수를 알면 가능하다. 보다 복잡한 멜로디 구현을 위한 프로그래밍은 아두이노 튜토리얼(https://www.arduino.cc/en/Tutorial/PlayMelody)을 참고할 수 있다.

버저 모듈은 (+), (–) 2개의 연결구가 있는데, (+)는 릴리패드 아두이노의 디지털 핀 어디

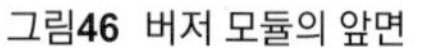
그림**46** 버저 모듈의 앞면

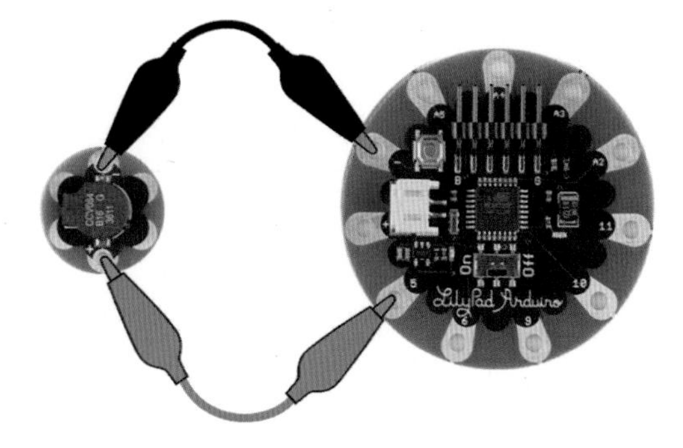

그림**47** 버저 모듈을 릴리패드 아두이노 심플 보드에 연결하는 방법

에나 연결 가능하며, (−)는 릴리패드 아두이노의 (−) 핀에 연결해서 사용한다. 버저 모듈은 외경 20mm의 크기이다.

⁄ MP3 모듈

릴리패드로부터 받은 신호로 다양한 소리를 낼 수 있는 사운드 모듈로, MP3 오디오 디코더 칩, 마이크로 SD 카드 연결기, 스테레오 앰프의 기능이 복합적으로 들어있다. 사용자가 원하는 음악을 마이크로 SD 카드를 이용해 입력할 수 있으며 헤드폰 잭이 있다. 3.7V의 리튬전지를 사용하거나 5V FTDI를 이용해 충전할 수 있다. MP3 모듈에는 총 12개의 핀이 있는데 그 중 좌·우 스피커 연결을 위한 (+), (−) 핀홀이 2쌍 있다. 외경 68mm의 크기이다.

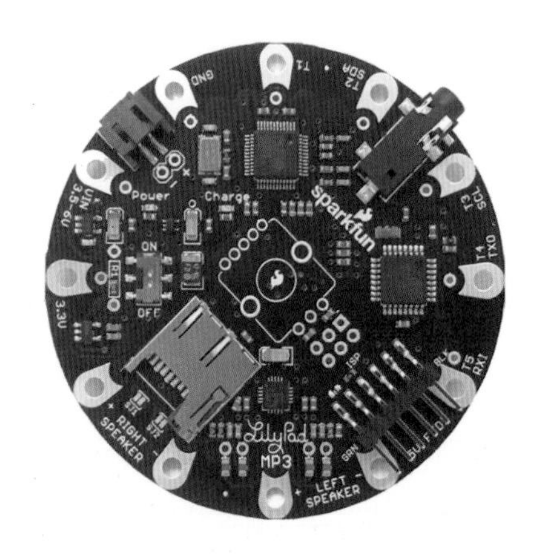

그림**48** MP3 모듈의 앞면

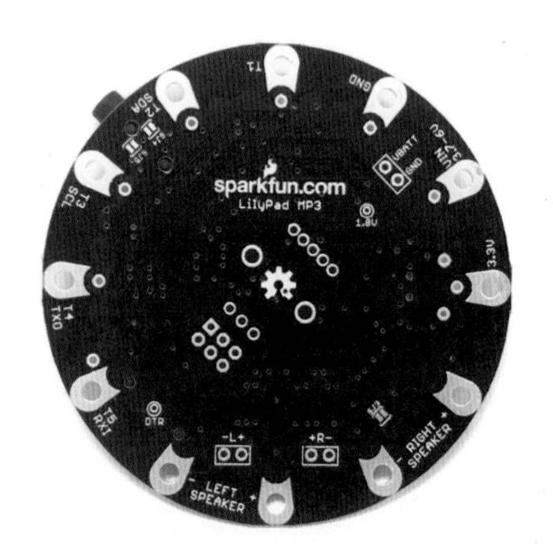

그림**49** MP3 모듈의 뒷면

기타

/ 전원 장치

릴리패드의 동작을 위해서는 별도의 전원 장치가 필요하다. USB를 컴퓨터에 연결하여 프로그래밍할 때는 전원 장치가 따로 필요하지 않지만, 스마트 패션액세서리나 의류를 제작하여 착용하기 위해서는 별도의 전원 장치를 사용해야 한다. 릴리패드 아두이노에 연결해서 사용하는 전원 장치는 일반 건전지용 장치, 코인셀용 장치가 있고, 릴리패드 심플 보드에 바로 부착할 수 있는 리튬전지가 있다.

일반 전지를 사용하는 릴리패드 전원 장치는 1.5V AAA건전지를 넣을 정도로 크기가 작아 의복 내에 구성하기 적절하다. 전류는 5V까지 공급할 수 있으며 합선 방지 기능이 있다. 크기는 56×26mm이다. 코인셀 전지를 넣는 전원 장치는 외경 20mm이며, 3V CR2032 전지를 넣는다. 2쌍의 (+), (−) 연결구가 있다. 리튬전지는 가볍고 작아 사용하기 간편하며 따로 전원 장치를 필요로 하지 않는다. 릴리패드 USB나 릴리패드 심플 보드의 JST 커넥터에 꽂아 연결할 수 있으며 충전을 통해 지속적으로 사용할 수 있다.

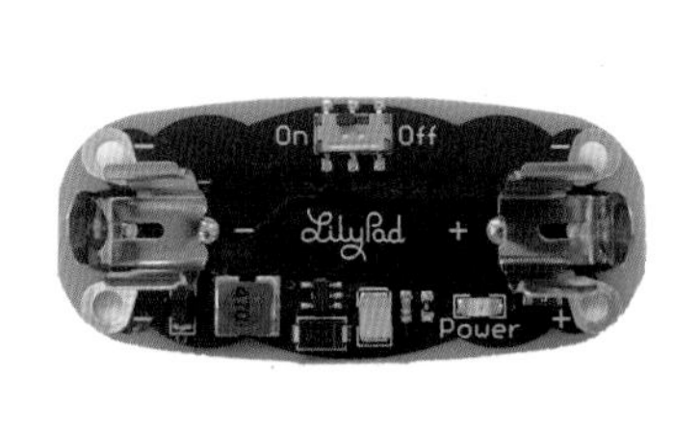

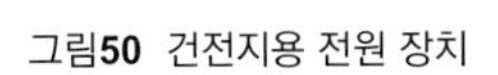
그림50 건전지용 전원 장치

그림51 코인셀용 전원 장치

그림52 리튬전지

/ 스위치

스위치는 출력장치의 동작을 외부에서 제어할 수 있도록 별도로 부착하는 장치로, 웨어러블 패션디자인의 경우 소매, 가슴 등 조작이 용이한 장소에 부착해, 필요시에만 출력장치를 구동하도록 하는 경우 사용된다. 스위치의 형태는 푸시 버튼의 형태와 ON/OFF 슬라이드형 스위치, 자석을 이용해 ON/OFF 기능을 넣은 스위치 등 여러 가지 형태가 있다.

그림53 푸시 버튼 스위치

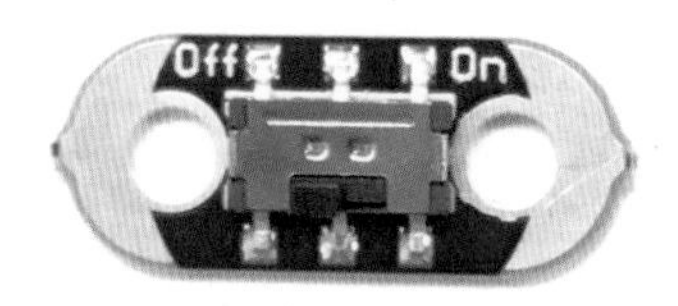

그림54 슬라이드형 스위치

/ 전도성 실과 부자재

전도성 실(Conductive Thread)은 릴리패드 보드와 입출력장치를 연결하는 전선의 역할을 한다. 따라서 일반 실과 달리 전기가 통하는 실로 실의 내부에 스테인리스(Stainless)사 또는 은(Silver)사가 들어 있다. 전도성 실은 유연하고, 세탁이 가능하며, 바늘과 재봉틀을 이용한 봉제가 가능하기 때문에 웨어러블 패션디자인을 위한 중요한 재료로 사용된다. 전도성 실은 납땜을 할 수 없고, 일반 봉제사에 비하여 표면이 덜 매끈하기 때문에 잘 엉키는 단점이 있다. 실이 잘 엉키지 않도록 하기 위해 사용 전에 실의 표면에 왁스를 칠해 주면 좋다. 또한, 릴리패드 보드의 핀에 전도성 실을 연결할 때는 접촉이 잘 되도록 여러 번 고정시켜 주는 것이 좋으며, (+)와 (–) 실이 서로 닿으면 합선(short circuit)이 되므로 주의해서 봉제선을 배치해야 한다. 이때, 어쩔 수 없이 (+)와 (–) 실이 닿아야 할 경우 절연테이프를 사용하여 합선을 방지해야 한다.

전도성 리본은 3개의 전도성 실이 들어 있는 리본으로 전도성 리본을 통해 (+), (–), 전기

그림55 스테인리스 전도성 실

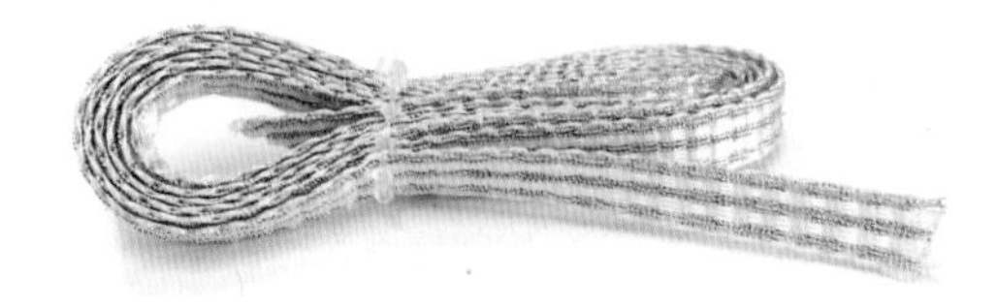

그림56 전도성 리본

신호를 같이 보낼 수 있다. 또한 전선에 비해 매우 유연하고 안정성이 있으며, 다림질, 납땜이 모두 가능한 특성이 있다.

릴리패드 사용하는 법

사용환경 만들기

릴리패드를 제어하기 위해서는 우선 아두이노 통합개발환경(IDE)을 설치해야 한다. 아두이노는 개발자를 위한 오픈소스로서 전자기기 프로토타입 플랫폼이며, 아두이노 보드를 이용한 전자기기를 개발할 때에 일반적으로 사용되는 소프트웨어이다. 아두이노 홈페이지에서 사용자의 PC 운영 체제에 맞는 아두이노 소프트웨어 버전을 무료로 제공하고 있으므로, 사용자 컴퓨터 환경에 따라 소프트웨어를 선택하여 설치한다.

릴리패드 아두이노는 USB 시리얼 변환기가 내장되어 있지 않기 때문에 컴퓨터에서 프로그래밍된 코드를 기기로 업로드하기 위해 FTDI를 사용한다. 이 때, FTDI 드라이버를 설치해야 한다.

소프트웨어 설치

① 아두이노 웹 사이트(https://www.arduino.cc/en/software)에 접속한다.

② 윈도 운영체제인 경우 윈도 버전 중 컴퓨터 사양에 맞게 선택하고, 매킨토시는 Mac OS용을 선택하여 다운로드한다.

③ 다운로드가 완료되면 파일을 클릭하여 설치한다.

드라이버 설치

① 프로그램 설치가 완료되면 FTDI 연결 USB를 컴퓨터와 릴리패드에 연결한다.

② 아두이노 스케치 프로그램 메뉴의 [툴]-[보드]의 종류를 '릴리패드 아두이노' 또는 '릴리패드 아두이노 USB'로 설정한다.

③ 아두이노 프로그램을 실행한 후, 메뉴에서 [툴]-[포트]에 들어가 포트가 연결되었는지 확인한다.

④ 윈도 운영체제의 경우 릴리패드를 사용할 수 있는 포트 번호는 [제어판]-[시스템 및 보안]-[장치관리자]에서 확인할 수 있다.

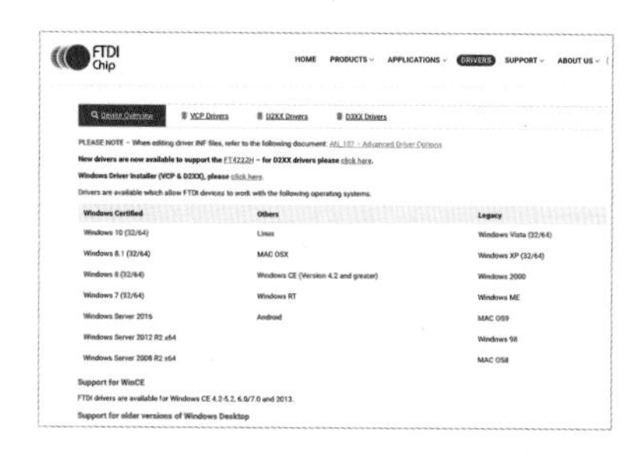

그림57 FTDI 드라이버 다운로드하기
자료: http://www/ftdichip.com/drivers

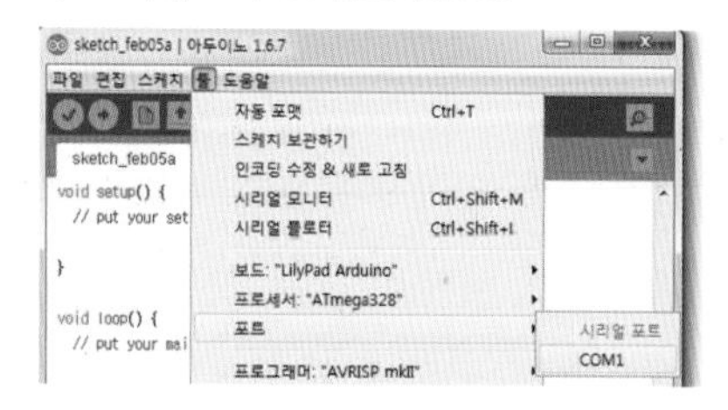

그림58 아두이노 스케치에서 포트 선택하기

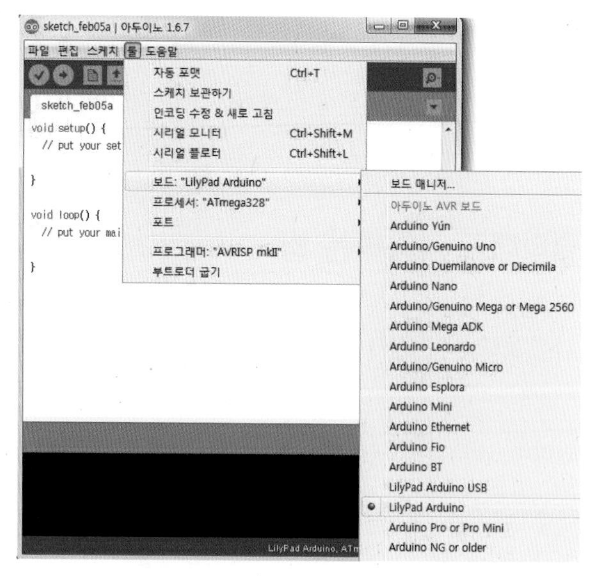

그림59 아두이노 스케치에서 보드 선택하기

⑤ 설치 도중 FTDI 드라이버를 필요로 하는데 윈도 운영체제의 경우는 자동으로 검색하여 설치되거나 FTDI 드라이버(https://ftdichip.com/drivers/)를 별도로 설치해 주어야 한다.
맥 OS의 경우 앞의 링크에서 환경에 맞는 최신 버전의 드라이버를 선택하여 다운로드한다.

릴리패드와 LED 연결하기

릴리패드에 기본 LED 연결 방법

코인 셀과 건전지형 전원은 전원의 (+)는 릴리패드 보드의 (+) 핀에 연결하고, 전원 (–)는 릴리패드 보드의 (–) 핀에 연결한다. 리튬전지의 경우 릴리패드 심플 보드의 JST 커넥터에 바로 끼울 수 있어 별도의 전선 연결이 필요하지 않다. 전원과 보드의 (+)와 (–) 극이 제대로 연결되지 않으면 전류가 흐르지 않으니, 연결이 잘 되었는지 반드시 확인한다.

LED 1개를 릴리패드 보드와 연결할 때는 LED의 (–)가 전원의 (–) 혹은 릴리패드 보드의 (–) 핀과 연결되도록 하고, LED의 (+)는 데이터를 수신할 수 있도록 디지털 핀에 연결한다. 위 그림에서는 11번 핀에 LED를 연결했으므로, 소스코드에서 LED의 OUTPUT 데이터의 위치를 11로 설정해 주어야 한다.

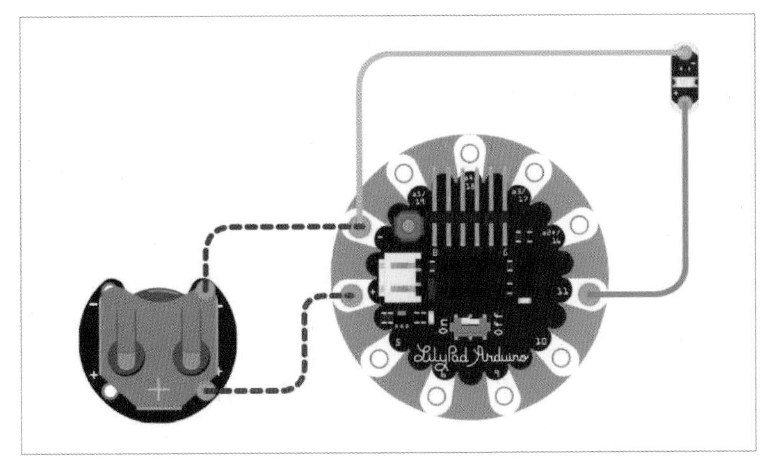

그림**60**
전원과 LED를 릴리패드에
연결하기

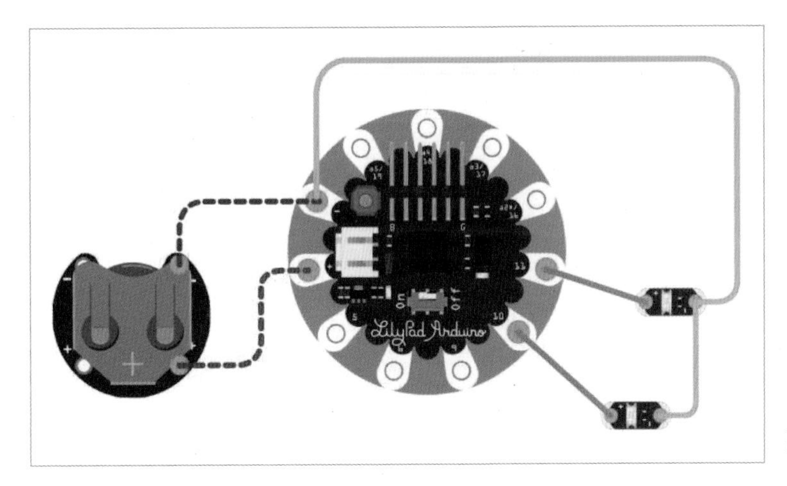

그림**61**
직렬로 LED 연결하기

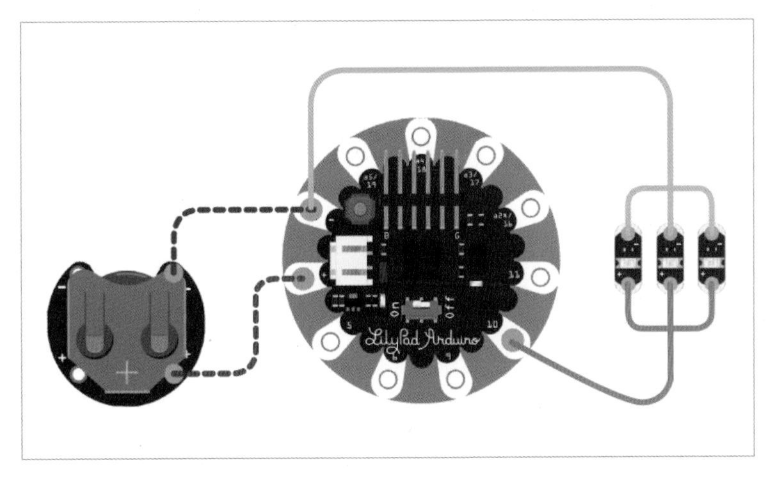

그림**62**
병렬로 LED 연결하기

LED를 여러 개 연결하는 디자인의 경우, LED의 배치에 따라 직렬과 병렬로 연결해 사용할 수 있다. LED를 직렬로 연결하는 경우는 릴리패드 보드 각 핀에 LED가 하나씩 연결되므로, 각각의 LED를 서로 다르게 제어할 수 있는 장점이 있다. 직렬은 한 방향으로 전류가 흘러 빛의 밝기가 좀 어두워지지만 전력 소모가 적다. 아래 그림에서 LED 1은 11번 핀에 연결되었고, LED 2는 10번 핀에 연결되어 있으므로 소스코드에서 별도의 동작을 입력할 수 있다. LED를 병렬로 연결하는 경우는 전류의 흐름이 나뉘어 전력의 소모가 크지만, 모든 LED의 밝기가 밝다. 병렬로 연결된 LED는 제어하는 핀 번호가 동일하므로 전체 동작을 제어할 수 있는 장점이 있다.

릴리패드와 RGB LED 연결 방법

기본 LED는 흰색, 녹색, 노랑, 파랑, 빨강, 분홍의 6개 색이 있지만, RGB LED를 사용하면 색값을 조정해 보다 다양한 색상을 표현할 수 있다. red핀, green핀, blue핀의 밝기를 0~255 사이의 값으로 설정하여 다양한 빛의 색을 표현할 수 있다. LED는 0으로 갈수록 어두운 빛, 255로

표3 색상별 RGB값

색상	red값	green값	blue값
빨강	255	0	0
분홍	255	192	203
마젠타	255	0	255
주황	255	165	0
노랑	255	255	0
녹색	0	255	0
파랑	0	0	255
남색	0	0	128
보라	160	32	240
검정	0	0	0
흰색	255	255	255
회색	128	128	128

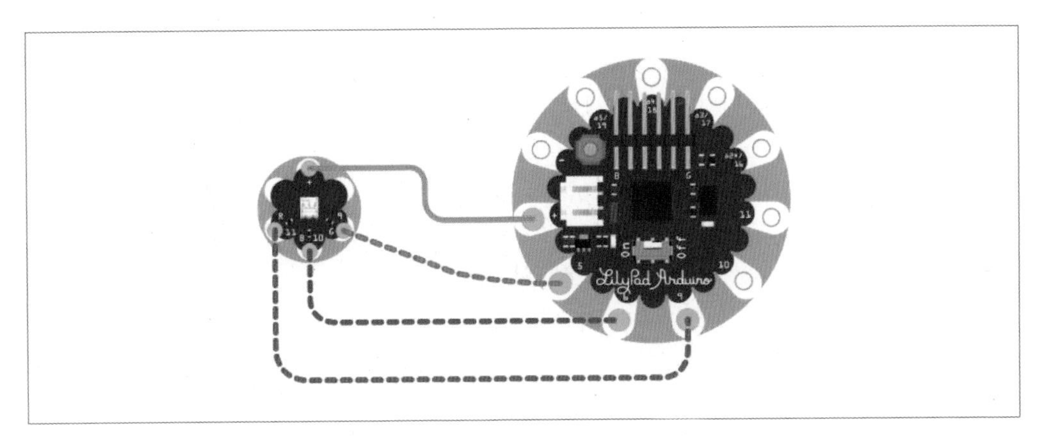

그림63 RGB LED와 릴리패드 보드의 연결

갈수록 밝은 빛을 표현한다. 예를 들어 녹색을 표현하기 위해서 R:0, G:255, B:0이 아니라 반대로 R: 255, G:0, B: 255로 설정해야 한다. RGB 값에 따른 색상표는 다음 사이트에서 참고할 수 있다(www.rapidtables.com/web/color/RGB_Color.htm).

RGB LED 동작을 제어하기 위해 LED의 (−) 극을 릴리패드의 (−) 극과 연결하고, (+) 극은 릴리패드의 디지털 핀이나 아날로그 핀에 연결한다. 그림과 같이 LED를 릴리패드의 디지털 핀에 연결하여 LED를 켜고 끌 수 있다.

릴리패드의 기초 프로그래밍

기초 프로그래밍 언어 이해하기

릴리패드를 통해 입출력장치를 동작시키기 위해서는 프로그래밍 과정이 필요하다. 릴리패드의 프로그래밍은 아두이노 개발 환경(Arduino IDE)을 활용하고 텍스트 코드 기반으로 명령어를 직접 입력하여 프로그램을 만든다.

프로그램은 반복되는 패턴과 조건에 따라 효율성 있게 릴리패드가 입출력장치를 제어하도록 개발되어야 한다. 아두이노 개발 환경에는 다양한 프로그래밍 예제들을 포함하고 있으므로, 필요한 경우 기본 예제를 활용하고, 아두이노 홈페이지에 제시된 오픈 소스의 프로그래밍을 활용하도록 한다.

구조와 관련된 언어 이해하기

아두이노 개발에 사용되는 기본 프로그래밍 구조는 크게 두 부분으로 나뉜다. 하나는 void setup() 함수 부분이고, 다른 하나는 void loop() 함수 부분이다. 여기에서 void는 함수 실행 후 반환 값인 Return을 따로 설정할 필요가 없는 함수 앞에 쓰는 언어로 아두이노 환경에서는 함수 앞에 void언어를 쓴다.

```
void setup(){
// 한 번만 실행되는 내용
}
void loop(){
// 반복적으로 실행되는 내용
}
```

① void setup()

setup()은 스케치를 시작할 때 사용되며, 한 번 실행한다는 의미로 사용된다. 중괄호{ } 속의 내용은 프로그램의 실행을 위해 설정해야 할 핀이 입력인지 출력인지를 지정하는 역할을 한다.

```
int buttonPin = 3;

void setup()
{
  Serial.begin(9600);                    // 시리얼 통신 속도를 9600으로 맞추기
  pinMode(buttonPin, INPUT);
}
```

자료: https://www.arduino.cc/en/Reference/Setup

② void loop()

loop()는 아두이노 보드를 제어하기 위해 실행하는 반복적 명령을 이야기하는 함수이며, 중괄호{ } 속에 지속적으로 반복해 실행할 내용들을 적어 넣는다.

```
const int buttonPin = 3;

// setup initializes serial and the button pin      // 시리얼 초기화와 핀 버튼 설정
void setup()
{
  Serial.begin(9600);                               // 시리얼 통신 속도를 9600으로 맞추기
  pinMode(buttonPin, INPUT);
}

// loop checks the button pin each time,            // 핀 버튼의 입력값을 매번 체크한 뒤,
// and will send serial if it is pressed               핀 버튼이 눌러지면 시리얼 전송
void loop()
{
  if (digitalRead(buttonPin) == HIGH)
    Serial.write('H');
  else
    Serial.write('L');
  delay(1000);
}
```

자료: https://www.arduino.cc/en/Reference/Loop

③ if

if는 비교하는 함수들을 연결하는 언어로, 만약 어떤 값을 가질 때 어떤 신호를 내보내야 하는지 설정을 하는 언어이다. if(변수의 조건) {실행 내용} 이런 순서로 작성한다. 예를 들어, 아래 예제는 x값이 120보다 크면 LED불이 켜지게 하라는 명령어이다. 아래 스케치를 보면 if 조건 뒤에 수행 명령을 쓸 때 중괄호 { }를 쓴 것과 쓰지 않은 형식이 있는데 모두 동작에 문제가 없는 코드이다.

```
if (x > 120) digitalWrite(LEDpin, HIGH);
```

```
if (x > 120)
digitalWrite(LEDpin, HIGH);
```

```
if (x > 120){ digitalWrite(LEDpin, HIGH); }
```

```
if (x > 120){
  digitalWrite(LEDpin1, HIGH);
  digitalWrite(LEDpin2, HIGH);
}
```

자료: https://www.arduino.cc/en/Reference/If

④ if/ else

if/ else는 if에 조건을 더 붙이는 명령어로 조건에 따라 여러 가지의 수행이 가능하게 설계할 수 있다. 예를 들어, 아래 예제를 보면 Input핀이 500 미만의 값이면 A동작을 수행하고, 500 이상이면 B동작을 수행하라는 명령어이다.

```
if (pinFiveInput < 500)
{
  // action A                    // Input핀이 500 미만의 값일 때 A동작 실행
}
else
{
  // action B                    // 그 외의 경우 B동작 실행
}
```

자료: https://www.arduino.cc/en/Reference/Else

또한 if와 else 명령어 사이에 else if라는 명령어를 넣어 조건을 더 세분화할 수도 있다. 다음의 예제는 Input핀 값이 500 미만인 경우 A동작을 하고, Input핀 값이 1000 이상인 경우 B동작을 하며, 그 외에는 C동작을 하라는 명령어이다. else를 쓰면 명령어를 단축해 쓸 수 있어 간편하다.

```
if (pinFiveInput < 500)
{
  // do Thing A                    // Input핀 값이 500 미만일 때 A동작 실행
}
else if (pinFiveInput >= 1000)
{
  // do Thing B                    // Input핀 값이 1000 이상일 때 B동작 실행
}
else
{
  // do Thing C                    // 그 외의 경우 C동작 실행
}
```

자료: https://www.arduino.cc/en/Reference/Else

⑤ for

동일하거나 유사한 문장을 반복적으로 실행할 때 사용하는 제어문이다. for 제어문은 기본적으로 동작의 시작조건, 종결조건, 조건 변화식을 넣어 다음과 같은 형식으로 구성된다. 즉, I값이 0일 때 동작을 시작해서, I가 1씩 값이 커지다가 I값이 10이 되면 동작이 종결된다는 의미이다.

```
for(int i=0; i<10; i++)            // for(시작조건; 종결조건; 조건 변화식)
{
 명령문 실행
}
```

다음의 예시는 아날로그 핀을 이용해 LED의 빛을 조정하는 명령어로, 10번 핀에 연결된 LED를 지정, I값이 0부터 시작해 255까지 점차 한 단계씩 증가하다가 잠깐 멈추고 처음으로 다시 돌아가는 기능을 보여주는 사례이다.

```
int PWMpin = 10; // LED in series with 470 ohm resistor on pin 10      // LED를 10번 핀에 연결

void setup()
{
  // no setup needed                                                  // SETUP 함수가 필요하지 않음
}

void loop()
{
   for (int i=0; i <= 255; i++){
      analogWrite(PWMpin, i);
      delay(10);
   }
}
```

자료: https://www.arduino.cc/en/Reference/For

⑥ ;

세미콜론은 문장이 끝날 때 해당 문장이 종료됨을 표시해준다. 가장 흔하게 하는 실수 중 하나는 세미콜론을 누락시키는 것이다. 세미콜론 누락 시 스케치 창에 컴파일러 오류 메시지가 뜨고 명령이 시행되지 않는데, 가장 먼저 세미콜론이 누락되지 않았는지 체크해봐야 한다.

```
int a = 13;
```

자료: https://www.arduino.cc/en/Reference/SemiColon

⑦ // (Single line comment)

//는 프로그램으로 인식되지 않으며 작성자가 코드나 필요한 기능을 설명, 메모하는 주석이라는 뜻이다. 프로그램에서 인식되지 않으므로 메모리 공간을 차지하지 않는다. 한 줄의 주석을 달 때는 '//주석내용'으로 표기하지만, 여러 줄의 내용을 주석 처리할 때는 '/* 주석내용 */' 로 표시한다.

⑧ 기타

문장 구조에서 주로 사용되는 기타 기호는 아래와 같다.

- ▸ = // 지정연산자(assignment operator)로 왼쪽 변수가 =의 오른쪽 값으로 할당된다는 지정의 의미로 ==와는 차이가 있다.
- ▸ + // 연산기호, 더하기
- ▸ − // 연산기호, 빼기
- ▸ * // 연산기호, 곱하기
- ▸ / // 연산기호, 나누기
- ▸ == // 비교연산자(comparison operator)로 왼쪽과 오른쪽 값이 같다는 의미로 사용된다. 즉, x==y는 x와 y의 값이 같다는 의미이다.
- ▸ != // 값이 같지 않다는 의미로, 예를 들어 x!=y는 x와 y가 같지 않다는 의미이다.
- ▸ ++ // 값이 하나씩 커진다는 의미로 x++는 x = x+1 또는 x에서 1씩 늘어난다는 의미이다.
- ▸ −− // 값이 하나씩 작아진다는 의미로 x—는 x = x−1또는 x에서 1씩 줄어든다는 의미이다.
- ▸ += // 오른쪽의 값만큼 커진다는 의미로 x+=y는 x = x+y 또는 y값 만큼 늘어난다는 의미이다.
- ▸ −= // 오른쪽의 값만큼 작아진다는 의미로 x−=y는 x = x−y 또는 y값 만큼 줄어든다는 의미이다.
- ▸ *= // 오른쪽 값만큼 곱한다는 의미로 x*=y는 x = x*y 또는 y값을 곱한다는 의미이다.
- ▸ /= // 오른쪽 값만큼 나눈다는 의미로 x/=y는 x = x/y 또는 y값으로 나눈다는 의미이다.
- ▸ 〈 // 크기의 비교로, x〈y는 x가 y보다 작다는 의미이다.
- ▸ 〉 // 크기의 비교로, x〉y는 x가 y보다 크다는 의미이다.
- ▸ 〈= // 크기의 비교로 x〈=y는 x가 y보다 같거나 작다는 의미이다.
- ▸ 〉= // 크기의 비교로 x〉=y는 x가 y보다 같거나 크다는 의미이다.

변수와 관련된 언어 이해하기

① true/ false

논리 레벨(Logic level)을 정의하는 상수인 true/ false는 프로그램을 빠르고 쉽게 운영할 수 있도록 한다. false는 0(zero)값을 이야기하고, true는 1 또는 0값 이외의 모든 값을 이야기 하는 경우도 있다. 예를 들어, 다음 예제는 조건문에서 a가 false일 때 중괄호{ } 안의 동작을 실행하는 코드이다.

```
if (a == FALSE);
{
실행 내용
}
```

② HIGH/ LOW

핀의 레벨(Pin level)을 정의하는 HIGH/ LOW는 디지털 핀을 읽거나 쓸 때 사용하는 언어이다. HIGH는 논리 레벨에서는 1값이나 ON을 이야기하고, LOW는 논리 레벨에서 0값이나 OFF상태를 이야기한다. 아래 코딩 예제는 연결된 LED 13번 핀을 켜고, 끄는 동작을 지정하는 명령어이다. HIGH라는 명령어에서는 LED가 켜지고 LOW라는 명령어에서는 LED가 꺼지게 된다.

```
digitalWrite(13, HIGH);   // turn the LED on (HIGH is the voltage level)        // LED 켜기
digitalWrite(13, LOW);    // turn the LED off by making the voltage LOW       // LED 끄기
```

③ INPUT/ OUTPUT

pinMode()에서 각 핀의 모드를 입력과 출력으로 설정하는 함수이다. INPUT은 센서를 읽는 기능을 한다. OUTPUT은 저항 값이 낮은 상태를 의미하며, 이때 많은 전류를 흘려 LED에 전력을 공급하는 일을 할 수 있다. 다음의 예제는 디지털 7번 핀에 LED가 연결되어 있고, 핀 모드는 출력으로 설정한다는 내용의 코딩이다.

```
int ledPin = 7;              // LED connected to digital pin 7          // 디지털 7번 핀에 LED 연결

void setup()
{
  pinMode(ledPin, OUTPUT);     // sets the digital pin as output    // 핀 모드를 출력으로 설정
}
```

④ void

void는 함수를 정의할 때 사용하는 언어로, 동작 후 반환 값이 없다는 것을 정의한다. 함수의 앞에 표기되는데, setup() 함수와 loop() 함수는 반환 값이 없기 때문에 void를 함수 앞에 붙인다.

```
void setup()
{
설정 내용
}
void loop()
{
실행 내용
}
```

기능과 관련된 언어 이해하기

① pinMode();

핀의 모드를 입출력으로 설정할 때 사용되고, OUTPUT과 INPUT으로 설정할 수 있다. 프로그래밍 되는 모든 문장 뒤에는 세미콜론(;)을 삽입하여 한 문장이 종료됨을 표시해준다.

```
int ledPin = 13;                // LED connected to digital pin 13        // 디지털 13번 핀에 LED 연결

void setup()
{
  pinMode(ledPin, OUTPUT);      // sets the digital pin as output     // 핀 모드를 출력으로 설정
}

void loop()
{
  digitalWrite(ledPin, HIGH);   // sets the LED on                    // LED 켜짐
  delay(1000);                  // waits for a second                 // 1초간 기다림
  digitalWrite(ledPin, LOW);    // sets the LED off                   // LED 꺼짐
  delay(1000);                  // waits for a second                 // 1초간 기다림
}
```

자료: https://www.arduino.cc/en/Reference/PinMode

② digitalRead(pin);

입력장치로 받아들인 디지털 값을 읽는다. 괄호 안에 핀의 번호를 넣는다. 디지털 핀이 아닌 아날로그 핀의 경우는 A0, A1과 같이 써 있는 핀에 연결을 해야 한다.

```
int ledPin = 13; // LED connected to digital pin 13             // 디지털 13번 핀에 LED 연결
int inPin = 7;   // pushbutton connected to digital pin 7       // 디지털 7번 핀에 푸시 버튼 연결
int val = 0;     // variable to store the read value            // 입력값 저장 변수 선언

void setup()
{
  pinMode(ledPin, OUTPUT);      // sets the digital pin 13 as output // 디지털 13번 핀 출력으로 설정
  pinMode(inPin, INPUT);        // sets the digital pin 7 as input   // 디지털 7번 핀 입력으로 설정
}
```

```
void loop()
{
  val = digitalRead(inPin);   // read the input pin                        // 입력 핀 읽기
  digitalWrite(ledPin, val);  // sets the LED to the button's value      // LED 버튼 값 설정
}
```

자료: https://www.arduino.cc/en/Reference/DigitalRead

③ digitalWrite(pin, value);

pinMode()에서 설정된 출력장치에 HIGH나 LOW로 신호를 내보낸다. LED가 연결되었을 경우, HIGH는 켜짐을 LOW는 끄는 신호를 내보낸다. 예제는 13번 핀에 연결된 LED를 켜고 1초간 지속 후, 꺼진 상태로 1초 지속을 반복하는 내용의 명령어이다.

```
int ledPin = 13;                // LED connected to digital pin 13        // 디지털 13번 핀에 LED 연결

void setup()
{
  pinMode(ledPin, OUTPUT);      // sets the digital pin as output      // 핀 모드를 출력으로 설정
}

void loop()
{
  digitalWrite(ledPin, HIGH);   // sets the LED on                          // LED 켜짐
  delay(1000);                  // waits for a second                       // 1초간 기다림
  digitalWrite(ledPin, LOW);    // sets the LED off                         // LED 꺼짐
  delay(1000);                  // waits for a second                       // 1초간 기다림
}
```

자료: https://www.arduino.cc/en/Reference/DigitalWrite

④ delay(1000);

1초간 기다린다는 함수로 숫자 1000은 1000밀리세컨드(milliseconds)로 1초를 뜻한다. 2초는 2000, 2.5초는 2500으로 입력하면서 원하는 동작 정지 시간을 지정할 수 있다.

```
int ledPin = 9;                  // LED connected to digital pin 9          // 디지털 9번 핀에 LED 연결

void setup()
{
  pinMode(ledPin, OUTPUT);      // sets the digital pin as output          // 핀 모드를 출력으로 설정
}

void loop()
{
  digitalWrite(ledPin, HIGH);   // sets the LED on                         // LED 켜짐
  delay(5000);                  // waits for 5 seconds                     // 5초간 기다림
  digitalWrite(ledPin, LOW);    // sets the LED off                        // LED 꺼짐
  delay(1000);                  // waits for a second                      // 1초간 기다림
}
```

자료: https://www.arduino.cc/en/Reference/Delay

⑤ analogRead(pin);

핀에 연결된 아날로그 값을 읽는다. analogRead 기능은 아날로그 핀인 a0~a5번 핀에서 가능하다. 아날로그 핀은 디지털 핀과 달리 함수에서 따로 INPUT이나 OUTPUT을 정할 필요가 없다. 아날로그 핀은 디지털 핀과 달리 핀 번호 앞에 a가 붙어 있어 식별이 쉽다.

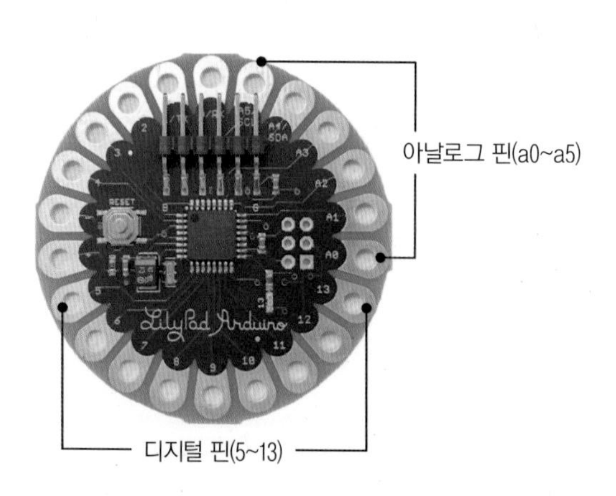

그림64 아날로그 핀과 디지털 핀

⑥ analogWrite(pin, value);

핀에 연결된 출력장치로 아날로그 값인 파장의 형태(Pulse Width Modulation)로 신호를 내보낸다. analogWrite값은 0~255까지이며 127일 때 전체 시간의 50% 정도 신호를 보내게 된다. 그림 59는 아날로그 값에 따른 출력 정도를 보여주는 것이다.

아래 코딩 예시는 analogPin 9에 연결된 전력이 4일 때 ledPin 9에 연결된 LED에 신호를 보내는 내용이다.

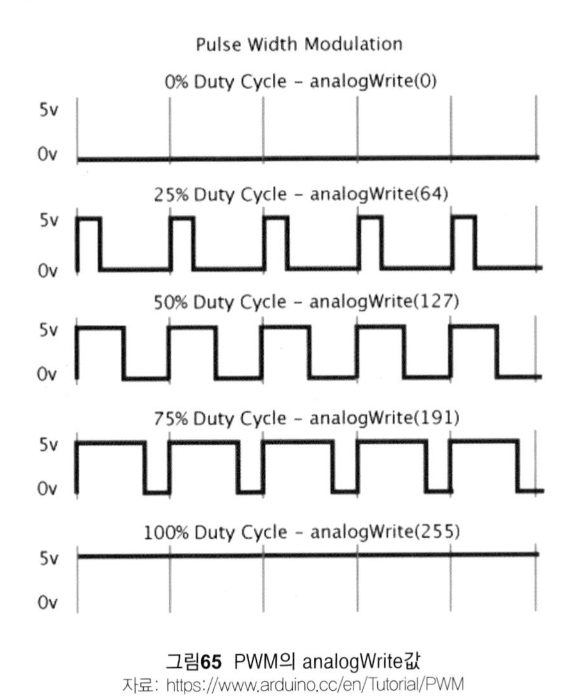

그림65 PWM의 analogWrite값
자료: https://www.arduino.cc/en/Tutorial/PWM

```
int ledPin = 9;      // LED connected to digital pin 9                 // 디지털 9번 핀에 LED 연결
int analogPin = 3;   // potentiometer connected to analog pin 3 // 전위차계를 아날로그 3번 핀에 연결
int val = 0;         // variable to store the read value              // 입력값 저장 변수 선언
```

```
void setup()
{
  pinMode(ledPin, OUTPUT);      // 릴리패드의 led 핀을 출력으로 설정
}
void loop()
{
  val = analogRead(analogPin);  // 아날로그 핀 값 읽기
  analogWrite(ledPin, val / 4);     // 읽어 들인 아날로그 핀 값을 0~255로 변환하여 출력하기
}
```

자료: https://www.arduino.cc/en/Reference/AnalogWrite

⑦ 기타

아두이노 프로그램에서 필요한 경우 변수를 설정한다. 변수(variable)란 변하는 데이터를 저장하는 공간을 선언하는 것으로 변수를 선언할 때는 변수의 종류를 지정한다. 변수의 유형은 다음과 같이 4가지 유형으로 나눌 수 있다.

- int : 정수형
- float : 소수형
- char : 문자형, ASCII코드
- boolean : 참(true) 또는 거짓(false)과 같은 변수

배열(Array)

배열이란 같은 유형의 데이터가 여러 개일 때 이를 동시에 저장해 주는 변수이다. 예를 들어, 음이 지속되는 시간은 모두 정수 데이터 유형을 가지므로 noteDurations라는 이름의 배열을 이용하여 다음과 같이 표시할 수 있다.

- int noteDurations[] = { 4, 8, 8, 4, 4, 4, 4, 4 };

배열에 저장된 데이터는 0부터 시작해서 순서대로 번호가 지정된다.

[0] – 4

[1] – 8

[2] – 8

[3] – 4

[4] – 4

[5] – 4

[6] – 4

[7] – 4

LED 깜박이기

준비물	릴리패드 메인 보드, LED, 악어 클립, FTDI 프로그래머, 마이크로 USB 케이블 등

실습 1 — LED 깜박이기

릴리패드의 보드와 FTDI 프로그래머, USB 케이블만 있으면 릴리패드와 컴퓨터를 연결하여 릴리패드 보드에 있는 LED를 깜박일 수 있다. 실습 순서는 아래와 같다.

① 릴리패드와 컴퓨터를 USB 케이블로 연결한다.

- 릴리패드에 FTDI 프로그래머와 USB 케이블로 컴퓨터를 연결한다. 컴퓨터가 연결되면 2.7V–5.5V의 전기가 공급되면서 릴리패드 보드의 LED가 한 번 깜박인다.
- 컴퓨터에 연결되어 있을 때는 USB 케이블을 통해서 자동으로 전원이 공급된다. FTDI 케이블을 연결할 경우 6개의 핀 색상을 정확히 맞추어야 하고 보드의 위(GND) 쪽이 FTDI 케이블의 검은색이 되도록 맞추어 연결해야 한다.

② 아두이노 환경에서 릴리패드 보드를 선택하고 COM 포트를 설정한다.

릴리패드 보드와 컴퓨터가 제대로 연결이 된 경우는 COM 포트 번호가 나타난다. 아두이노 환경 메뉴의 [도구]–[보드]에서 연결된 릴리패드 보드를 선택한다.

그림66 릴리패드와 USB케이블 연결하기

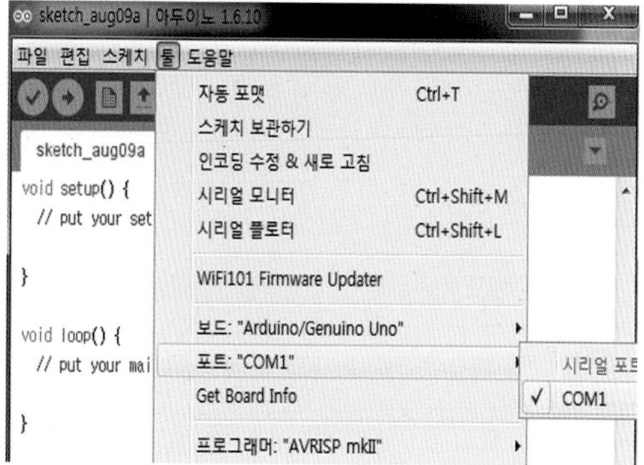

그림67 릴리패드 보드의 선택과 포트 확인하기

③ 아두이노 프로그래밍 스케치를 작성한다.

아두이노 프로그램을 텍스트 기반 코드로 만드는 것을 '스케치'한다고 한다. 아두이노 개발환경은 다양한 예제를 포함하고 있다. LED를 한 번 깜박이는 프로그램 또한 이미 아두이노 개발환경에서 예제를 통해 제공하고 있다. 메뉴의 [파일]-[예제]-[01.Basics]-[Blink]를 선택한다.

```
void setup() {
  pinMode(13, OUTPUT); // 릴리패드의 13번 핀을 출력으로 설정
}
void loop() {
  digitalWrite(13, HIGH);  // 13번 핀에 HIGH(켜짐) 신호를 보냄
  delay(1000);             // 1초 동안 기다림
  digitalWrite(13, LOW);   // 13번 핀에 LOW(꺼짐) 신호를 보냄
  delay(1000);             // 1초 동안 기다림
}
```

④ 작성된 프로그래밍 내용을 컴파일한다.

스케치를 한 뒤 컴파일을 한다. 컴파일은 작성한 스케치의 코드를 실행 파일로 변환하는 과정으로, 이때 프로그램 내 오류가 발생하는지 확인할 수 있다. 아두이노 메뉴 중 왼쪽 첫 번째 위치한 컴파일 버튼 ✔을 누른다. 오류가 발생하면 아두이노 개발환경 하단에 오렌지색으로 오류에 대한 설명이 나타난다.

⑤ 릴리패드 보드에 프로그래밍 내용을 업로드한다.

컴파일이 되고 오류가 없으면 프로그래밍된 내용을 릴리패드에 전송하기 위해 업로드 버튼 ➡을 누른다. 업로드가 완성되면 아두이노 개발환경 하단에 '업로드 완료' 메시지와 스케치의 사이즈가 바이트로 표시된다. 업로드 중 오류가 발생하면 붉은색 바탕에 오류 메시지가 나타난다.

⑥ 릴리패드 보드의 LED가 깜박이는지 확인한다.

스케치가 제대로 업로드되면 릴리패드 보드 중심에 위치한 LED가 1초에 한 번씩 깜박인다.

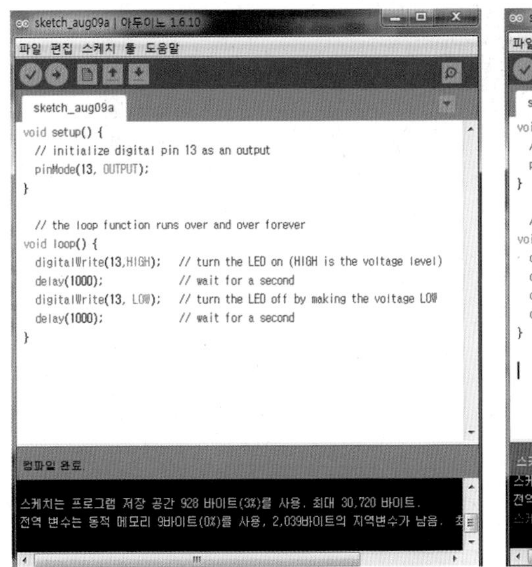

그림68 컴파일 완료 메시지가 뜬 스케치 창

그림69 컴파일에 오류 메시지가 뜬 스케치 창

실습 2 — 여러 개의 LED 깜박이기

① 회로 구성하기 : LED의 (-) 극은 서로 병렬 연결해서 릴리패드의 (-) 극에 연결한다. LED의 (+) 극을 릴리패드의 디지털 핀에 각각 연결하고 핀 번호를 확인한다. 그림의 회로에서 LED는 모두 4개가 사용되었으며, LED 1번은 3번 핀에, 2번은 9번 핀, 3번은 10번 핀, 4번은 11번 핀에 연결하였다.

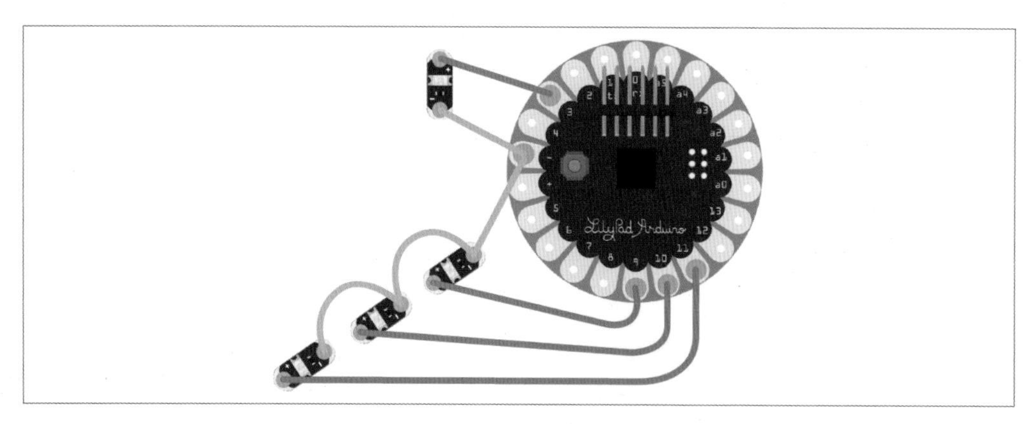

그림70 LED 여러 개를 연결한 회로

② 아두이노 개발환경 창에 아래의 스케치를 입력하고 업로드하여 실행한다.

```
int led1 = 3;  // led1을 변수로 설정
int led2 = 9;  // led2를 변수로 설정
int led3 = 10; // led3을 변수로 설정
int led4 = 11; // led4를 변수로 설정

void setup() {
pinMode(led1, OUTPUT); // 릴리패드의 3번 핀에 연결된 led1을 출력으로 설정하기
pinMode(led2, OUTPUT); // 릴리패드의 9번 핀에 연결된 led2를 출력으로 설정하기
pinMode(led3, OUTPUT); // 릴리패드의 10번 핀에 연결된 led3을 출력으로 설정하기
pinMode(led4, OUTPUT); // 릴리패드의 11번 핀에 연결된 led4를 출력으로 설정하기
}

void loop() {
digitalWrite(led1, HIGH); // led1에 HIGH(켜짐) 신호를 보냄
digitalWrite(led2, HIGH); // led2에 HIGH(켜짐) 신호를 보냄
digitalWrite(led3, HIGH); // led3에 HIGH(켜짐) 신호를 보냄
digitalWrite(led4, HIGH); // led4에 HIGH(켜짐) 신호를 보냄
delay(1000); // 1초간 기다림
```

```
digitalWrite(led1, LOW); // led1에 LOW(꺼짐) 신호를 보냄
digitalWrite(led2, LOW); // led2에 LOW(꺼짐) 신호를 보냄
digitalWrite(led3, LOW); // led3에 LOW(꺼짐) 신호를 보냄
digitalWrite(led4, LOW); // led4에 LOW(꺼짐) 신호를 보냄
delay(1000); // 1초간 기다림
}
```

③ 업로드 된 프로그램 내용에 따라 여러 개의 LED가 한번에 1초간 깜박이는지 확인한다.

입력 신호에 따른 LED 제어하기

빛 센서를 활용한 LED 제어

준비물	릴리패드 심플 보드, 릴리패드 메인 보드, LED, 빛 센서, PC, USB 케이블, FTDI 프로그래머, 악어 클립, 아두이노 개발환경 소프트웨어

빛 센서는 빛의 세기를 감지하여 릴리패드로 그 값을 전달하는 역할을 하는 입력장치이다.

빛 센서는 아날로그 핀에 연결되며, 감지한 다양한 빛의 밝기의 정도를 0~255까지의 정수 값으로 변환하여 릴리패드에 전달한다. 0은 빛이 없는 어두운 상태이고, 255는 매우 밝은 빛으로 일반적인 실내의 빛은 60~80 사이의 값으로 전달된다. 빛 센서를 제어하기 위해서는 빛 센서의 S핀을 릴리패드의 아날로그 핀에 연결해야 한다.

일정한 밝기 이하가 되었을 때 LED를 동작시키기 위해서 우선 릴리패드에 빛 센서와 LED를 어떻게 연결할 것인지 회로를 설계한다. 회로를 설계할 때는 악어 클립을 이용하며 빛 센서의 (+) 극은 릴리패드의 (+) 극에, (–) 극은 릴리패드의 (–) 극과 연결한다. S핀은 릴리패드의 a0이나 아날로그 핀(a2, a3, a4, a5) 중 하나에 연결한다.

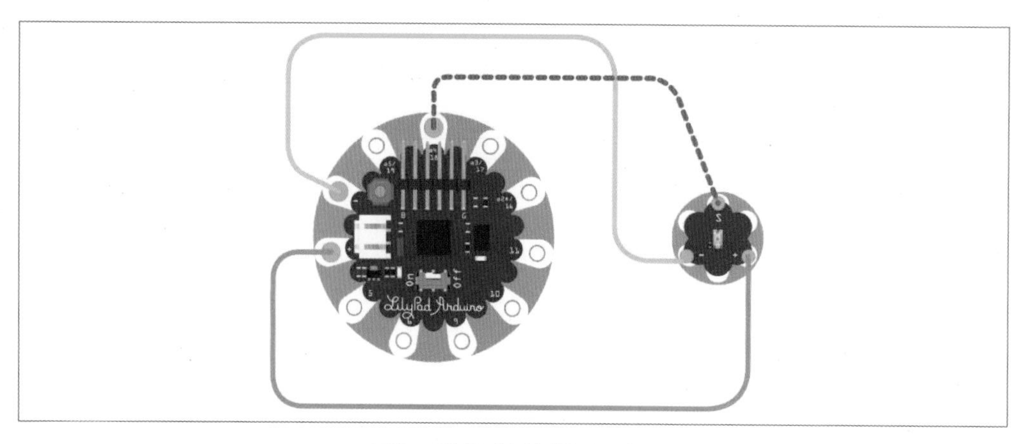

그림71 빛 센서를 연결한 릴리패드

실습 1 — 빛 센서를 제어하기 위한 기본 프로그래밍(빛의 밝기 읽기)

① 빛의 밝기에 따라 LED가 동작하도록 프로그램을 작성하기 위해서는 기준이 되는 빛의 밝기를 정해야 한다. 현재 있는 환경의 빛의 밝기를 읽는 스케치는 다음과 같다.

```
void setup() {
Serial.begin(9600);  // 시리얼 통신 속도를 9600으로 맞추기
}
void loop(){
int sensorValue = analogRead(A0); // A0핀으로 읽은 아날로그 값 저장
Serial.println(sensorValue); // 시리얼 포트로 출력
delay(200); // 0.2초 기다림
}
```

② 스케치를 실행하고 아두이노 개발환경 우측 상단의 시리얼 모니터 를 클릭하여 빛 센서 근처의 빛의 밝기를 변화시키면서 입력된 빛의 밝기를 비교해 본다.

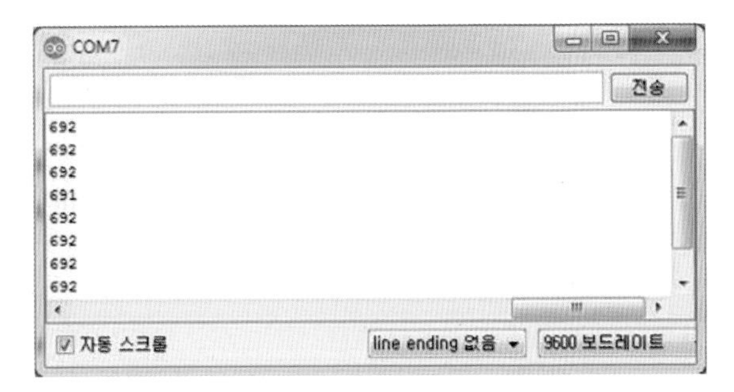

그림72 시리얼 모니터에 출력된 빛의 밝기 데이터 값

실습 2 — 빛의 밝기에 따라 LED 제어하기

① 악어 클립을 이용하여 빛 센서와 LED를 릴리패드 메인 보드에 연결한다. LED의 (-)는 릴리패드의 (-)에 연결, LED의 (+)는 릴리패드의 2번 핀에 연결한다. LED의 (+)는 다른 번호에 연결해도 된다. 릴리패드의 13번 핀은 자체 LED에 연결되어 있어서 LED를 연결하지 않고 실습할 수 있다. 빛 센서의 S는 릴리패드의 A0나 A로 시작되는 아날로그 입력 핀에 연결한다.

② 빛의 밝고 어두움의 기준인 경곗값을 계산한다. [실습 1]의 스케치를 실행하여 입력된 값과 빛 센서를 손으로 가려 어둡게 만든 뒤 입력된 값을 적는다. 두 값을 더해서 2로 나누면 경곗값이 된다. 실내에서 실험할 때는 조명에 따라 빛의 입력값이 다르므로 적용될 실내의 빛을 실험하여 경곗값을 정하는 것이 좋다.
예) 밝을 때 80, 어두울 때 10이면 두 수를 더해서 80+10=90이 되고 90을 2로 나누면 경곗값은 45가 된다.

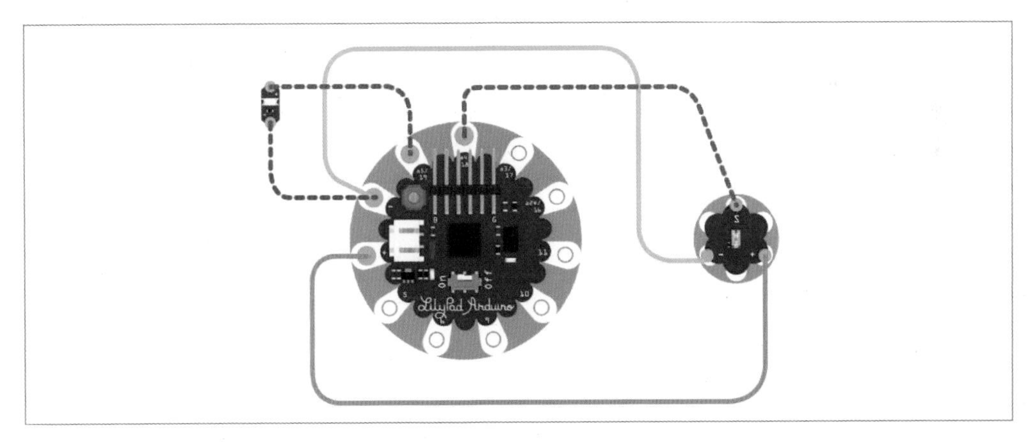

그림73 빛의 밝기에 따라 LED 깜박임 제어하기 회로

③ 다음과 같은 스케치를 작성하고 컴파일한 후 릴리패드에 업로드해 본다. 빛의 밝기에 따라 LED가 켜지고 꺼지는 것을 실험해 볼 수 있다.

```
void setup() {
Serial.begin(9600); // 시리얼 통신 속도를 9600으로 맞추기
pinMode(10, OUTPUT);
}
void loop() {
int sensorValue = analogRead(A2); // A2핀으로 읽은 아날로그 값 저장
Serial.println(sensorValue); // 시리얼포트로 감지된 조도값 출력
if(sensorValue > 245) // 실험으로 정한 경곗값 이상이면
digitalWrite(10, LOW); // 10번 핀에 연결된 LED를 끔
else
digitalWrite(10, HIGH); // 그렇지 않으면 10번 핀에 연결된 LED를 켬
}
```

온도 센서를 활용한 LED 제어

준비물	릴리패드 심플 보드, 온도 센서, LED, PC, 악어 클립, FTDI 프로그래머, USB 케이블, 아두이노 소프트웨어

온도 센서는 온도를 감지하는 장치로 빛 센서와 같은 방법으로 사용한다. 빛 센서와 크기도 같고 핀도 S, +, −로 구성되어 있으며, 회로 설계와 프로그래밍 방법도 같다. 단, 온도를 감지하는 센서의 가운데 사각형 부분이 검은색이고 빛 센서가 투명한 직사각형인 데 반해 온도 센서는 불투명한 직사각형이다.

실습 1 — 온도 센서로 온도 값 측정하기

실습에서 사용할 온도 센서를 준비한다. 온도 센서는 온도에 비례해서 저항이 바뀌고 변하는

온도 값을 릴리패드의 아날로그 핀으로 연결하여 읽을 수 있다.

① 회로 구성하기 : 온도 센서의 데이터 출력 부분인 S핀을 릴리패드의 A로 시작되는 아날로그 입력 핀에 아래의 그림과 같이 연결한다.

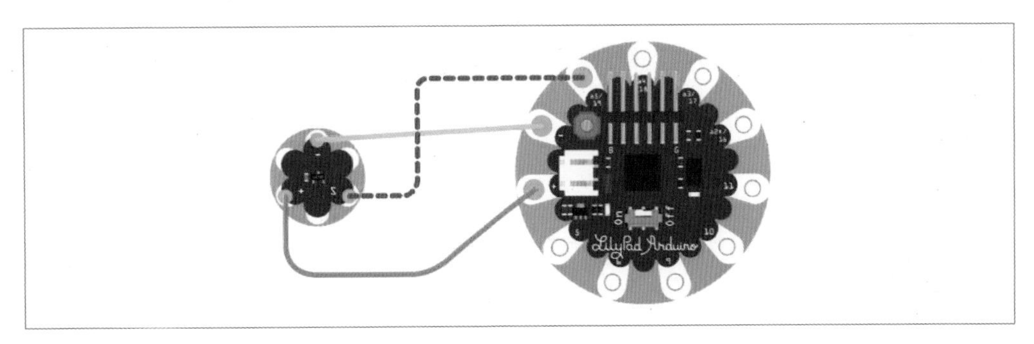

그림74 온도 센서와 릴리패드 보드의 연결

② 악어 클립으로 위의 회로와 같이 릴리패드와 온도 센서를 연결하고 아두이노 개발환경에서 스케치를 입력한다.

```
void setup() {
Serial.begin(9600); // 시리얼 통신 속도를 9600으로 맞추기
}
void loop() {
int sensorValue = analogRead(A5); // A5핀으로 읽은 아날로그 값 저장
Serial.println(sensorValue); // 시리얼포트로 감지된 온도 값 출력
delay(200); // 0.2초 동안 기다림
}
```

③ 프로그래밍 내용을 릴리패드로 업로드하고 시리얼 모니터에 출력되는 아날로그 값을 확인한다. 입력된 온도를 온도 계산 함수를 이용하여 섭씨온도로 변환하기 위해서 코드를 아래와 같이 수정한다.

```
float temp; // 온도 변수 설정하기
void setup() {
Serial.begin(9600); // 시리얼 통신 속도를 9600으로 맞추기
}
void loop() {
temp = analogRead(A5)*5/1024.0; // A5핀으로 읽은 아날로그 값을 계산해 temp 변수값으로 저장
temp = temp - 0.5; // 저장된 temp 값에서 0.5 빼기
temp = temp / 0.01; // 계산된 temp 값을 0.01로 나누기
temp = (temp - 32)/1.8; // 계산된 temp 값에서 32를 빼고 다시 1.8로 나누어 저장하기
Serial.println(temp); // 시리얼포트로 감지된 temp 온도 값 출력하기
delay(200); // 0.2초 동안 기다리기
}
```

④ 섭씨온도로 변환된 온도 값을 시리얼 모니터에서 확인한다.

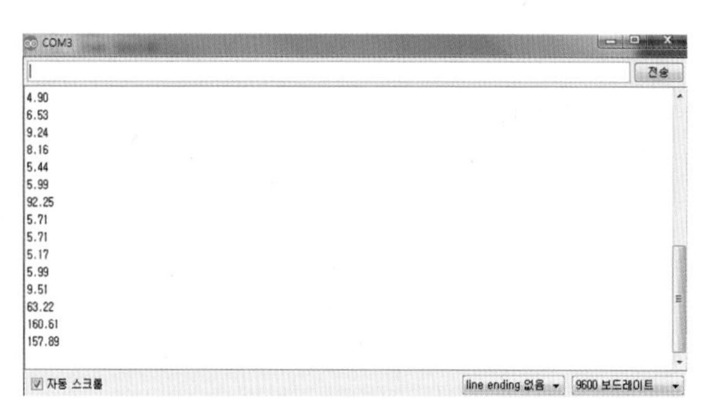

그림**75** 시리얼 모니터에 출력된 온도 데이터 값

실습 2 — 온도 센서를 이용하여 LED 제어하기

① 온도 센서를 그대로 두었을 때와 손으로 잡아 온도를 높였을 때의 값을 적어 2로 나누어 평균값을 구하여 LED가 켜지는 조건값으로 설정한다.

② 다음과 같이 아두이노 소프트웨어에서 조건값을 변수로 설정하고, 조건값 이상이 되면 LED가 켜지고 조건값 이하가 되면 LED가 꺼지는 프로그램을 적는다.

```
float temp; // 온도 변수 설정하기
float threshold = 27.0; // LED를 켜고 끄기 위한 조건값
void setup() {
Serial.begin(9600);  // 시리얼 통신 속도를 9600으로 맞추기
pinMode(13, OUTPUT); // 릴리패드의 13번 핀을 출력으로 설정
}
void loop() {
temp = analogRead(A5)*5/1024.0; // A5핀으로 읽은 아날로그 값을 계산해 temp 변수값으로 저장
temp = temp - 0.5; // 저장된 temp 값에서 0.5 빼기
temp = temp / 0.01; // 계산된 temp 값을 0.01로 나누기
Serial.println(temp);  // 시리얼포트로 감지된 temp 온도 값 출력하기
if (temp > threshold) digitalWrite(13, HIGH);  // 감지된 온도가 조건값 이상이면 LED를 켠다.
else digitalWrite(13, LOW);  // 감지된 온도가 조건값 이하면 LED를 끈다.
delay(200);  // 0.2초 동안 기다리기
}
```

③ 프로그램된 코드를 릴리패드에 업로드하고 온도 센서 주변의 온도를 손으로 변화시키면서 LED가 켜지고 꺼지는지를 실험한다.

가속도 센서(움직임)를 활용한 LED 제어

준비물	릴리패드 심플 보드, 가속도 센서, LED, PC, 악어 클립, FTDI 프로그래머, USB 케이블, 아두이노 소프트웨어

움직임이나 이동, 기울기 등을 감지하는 가속도 센서(Accelerometer Sensor)를 이용하여 사람이나 장치의 움직임을 감지하여 LED를 제어할 수 있다. 릴리패드 보드와 함께 사용하는 가속도 센서는 Lilypad Accelerometer ADXL335이다. 가속도 센서는 X, Y, Z 축 값의 아날로그 신호를 출력한다. 크기는 20mm이다.

실습 1 — 가속도 센서를 이용하여 움직임 측정하기

① 회로 구성하기 : 가속도 센서의 (+)를 릴리패드의 (+)에 연결하고, (-) 극은 릴리패드의 (-)에 연결한다. 각 축에 해당되는 부분은 릴리패드의 A로 시작되는 아날로그 핀에 연결한다. 우선 Y축 움직임에 따라 입력 데이터 값을 받도록 릴리패드의 A5번 핀에 연결한다.

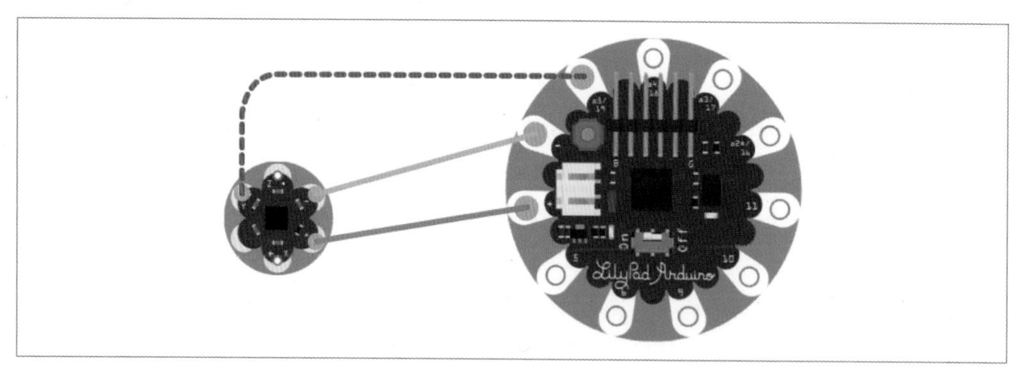

그림76 가속도 센서 연결 회로

② 가속도 센서에서 Y축의 움직임에 따른 입력값을 출력하기 위해 아래의 코드를 아두이노 프로그램에 적고 릴리패드에 업로드한다.

```
int y; // y축의 값을 저장하기 위해 변수 선언
void setup() {
Serial.begin(9600); // 시리얼 통신 속도를 9600으로 맞추기
}

void loop() {
y= analogRead(5); // A5핀으로 입력된 아날로그 값을 y값으로 읽음
Serial.println(Y: ); // 시리얼 모니터에 Y: 표시
Serial.println(y, DEC); // Y축 가속도 값을 십진수로 표시하기
delay(200); // 0.2초 기다림
}
```

③ 시리얼 모니터를 열고 센서의 움직임에 따라 변화되는 Y축의 값을 살펴본다.

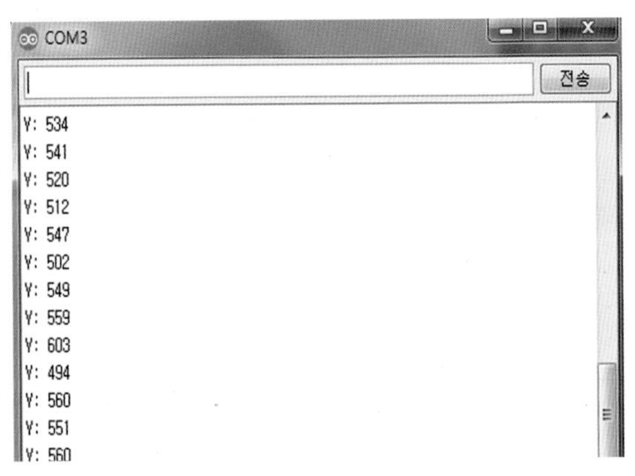

그림77 가속도 센서의 Y축 변화값을 표시하는 시리얼 모니터 화면

실습 2 — 가속도 센서를 이용하여 위 아래로 흔들면 LED가 켜지게 하기

① 회로 구성하기 : 가속도 센서의 (+)를 릴리패드 보드의 (+)에 연결하고, (-) 극은 릴리패드 보드의 (-)에 연결한다. 가속도 센서의 Z축(위, 아래 방향)에 해당되는 부분은 릴리패드의 A5 핀에 연결한다.

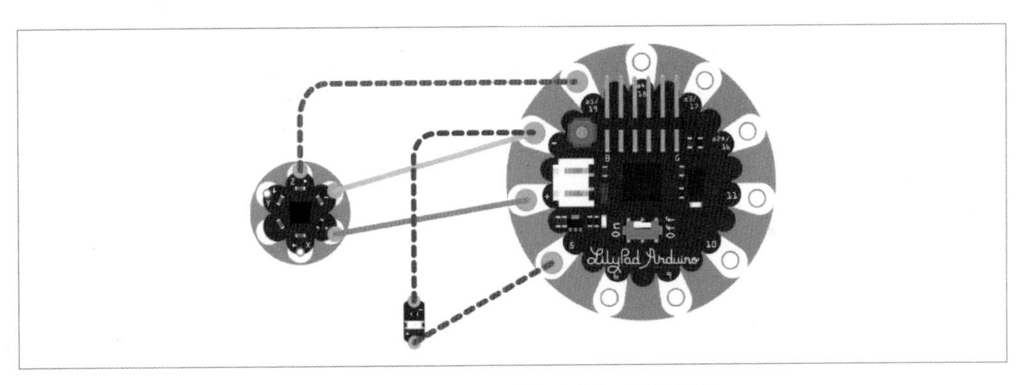

그림78 가속도 센서의 Z축을 릴리패드에 연결하기

② LED를 릴리패드의 디지털 핀에 연결한다. LED의 (+) 극은 릴리패드의 5번 핀, (-) 극은 릴리패드의 (-) 극에 연결한다.

③ 가속도 센서에서 Z축의 움직임에 따른 입력값을 출력하여 센서가 부착되어 있는 물체를 위 아래로 흔들었을 때 LED의 켜고 꺼짐을 제어하는 코드를 스케치하고 릴리패드에 업로드한다.

```
int z;        // Z축을 나타내는 정수형 변수 z 선언
void setup() {
  pinMode(5, OUTPUT); // 릴리패드의 5번 핀으로 입력값을 받기
  Serial.begin(9600);      // 시리얼 통신 속도를 9600으로 맞추기
}

void loop() {
z=analogRead(5)  // A5 핀에 입련된 움직임 값 읽기
  Serial.println(z);
if (z 〉 300) {   // Z축의 값이 300 이상이면
digitalWrite(5, HIGH);   // 5번 LED 켜기
}
else{   // 그렇지 않으면
digitalWrite(5, LOW);   // 5번 LED 끄기
}
}
```

④ 센서의 움직임에 따라 LED가 제대로 제어되는지 확인한다.

◎ 가속도 센서를 활용한 제품의 예

- 걸음 걸이가 빨라지면 LED를 켜거나 진동을 울려줌으로써 바쁜 현대인에게 SLOW LIFE를 인식시켜 주는 스마트 워치
- 자전거를 타거나 빠르게 움직이면 음악을 연주하는 스마트 뮤직 플레이어

사운드의 활용

준비물	릴리패드 심플 보드, 버저 모듈(buzzer module), PC, 악어 클립, FTDI 프로그래머, USB 케이블, 아두이노 소프트웨어

릴리패드에 사용되는 버저 모듈은 (+), (−) 핀 2개로 되어 있으며, 소스코드로 주파수를 다르게 설정하여 소리를 만들어낸다. 소리는 공기 속으로 전달되는 진동에 의해 만들어지는데, 진동의 주파수를 프로그래밍해서 원하는 음악을 연주할 수도 있다.

실습 1 — 릴리패드로 '도, 레, 미, 파, 솔, 라, 시, 도' 사운드 만들기

① 회로 구성하기 : 버저 모듈의 (+) 극은 릴리패드의 5번 핀에 연결하고 (-) 핀은 릴리패드의 (−)에 연결한다. 이어서 사용하고 있는 릴리패드로 설정하고 포트를 확인한다.

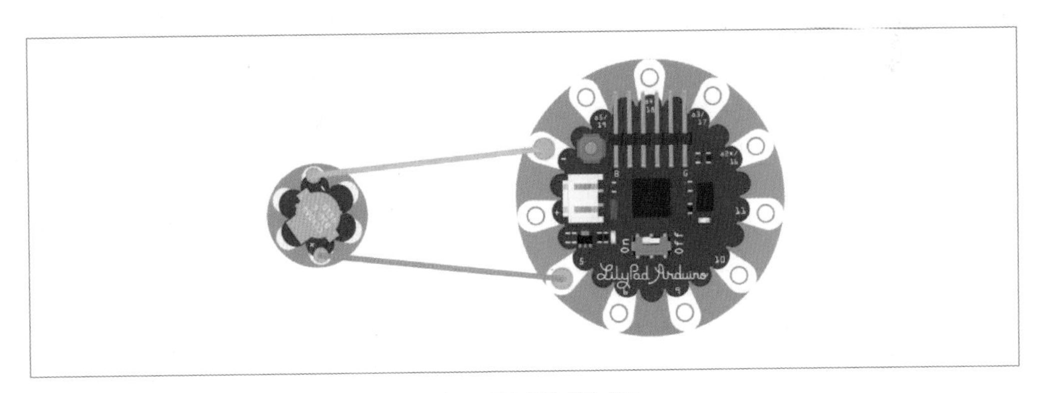

그림79 버저 모듈 연결 회로

② 아래의 코드를 아두이노 프로그램에 입력하고 릴리패드에 업로드하면 1초 동안 '삐–' 소리가 난다.

```
void setup() {
tone(5, 532, 1000); // 5번 핀에 연결된 버저 모듈이 532 주파수의 음을 냄
delay(1000); // 1초간 기다림
}
void loop() {
}
```

③ 피아노 건반 소리의 주파수는 아래 표와 같다. 피아노 건반의 '도, 레, 미, 파, 솔, 라, 시'는 표 안의 C, D, E, F, G, A, B로 표시된다. C4와 C5는 한 옥타브 차이로 음 차이가 있는 '도'를 의미한다. '도, 레, 미, 파, 솔, 라, 시, 도' 음을 만들기 위해 해당 주파수를 적어 놓는다.

도(C5) = 523, 레(D5) = 587, 미(E5) = 659, 파(F5) = 698,

솔(G5) = 783, 라(A5) = 880, 시(B5) = 987, 도(C6) = 1047

표4 음계별 주파수

음계	주파수(Hz)	음계	주파수(Hz)
도(C4)	261	도(C5)	523
도#(C#4/Db4)	277	도#(C#5/Db5)	554
레(D4)	293	레(D5)	587
레#(D#4/Eb4)	311	레#(D#5/Eb5)	622
미(E4)	329	미(E5)	659
파(F4)	349	파(F5)	698
파#(F#4/Gb4)	369	파#(F#5/Gb5)	739
솔(G4)	392	솔(G5)	783
솔#(G#4/Ab4)	415	솔#(G#5/Ab5)	830
라(A4)	440	라(A5)	880
라#(A#4/Bb4)	466	라#(A#5/Bb5)	932
시(B4)	493	시(B5)	987

④ 아두이노 프로그램에 다음 코드를 스케치하고 릴리패드에 업로드한다.

```
void setup(){
tone(5, 523, 1000); delay(1000); // 도
tone(5, 587, 1000); delay(1000); // 레
tone(5, 659, 1000); delay(1000); // 미
tone(5, 698, 1000); delay(1000); // 파
tone(5, 783, 1000); delay(1000); // 솔
tone(5, 880, 1000); delay(1000); // 라
tone(5, 987, 1000); delay(1000); // 시
tone(5, 1047, 1000); delay(1000); // 도
}
void loop(){
}
```

⑤ 프로그래밍 된 내용이 실행되면 소리가 제대로 나는지 확인한다.

실습 2 — 릴리패드로 연주하기

① 회로 구성하기 : [실습 1]과 같이 버저 모듈의 (+) 극은 릴리패드의 5번 핀에 연결하고 (–) 핀은 릴리패드의 (–)에 연결한다. 코인셀 전지의 (+) 극은 릴리패드의 (+)에 (–) 극은 릴리패드의 (–)에 연결한다. 이어서 보드

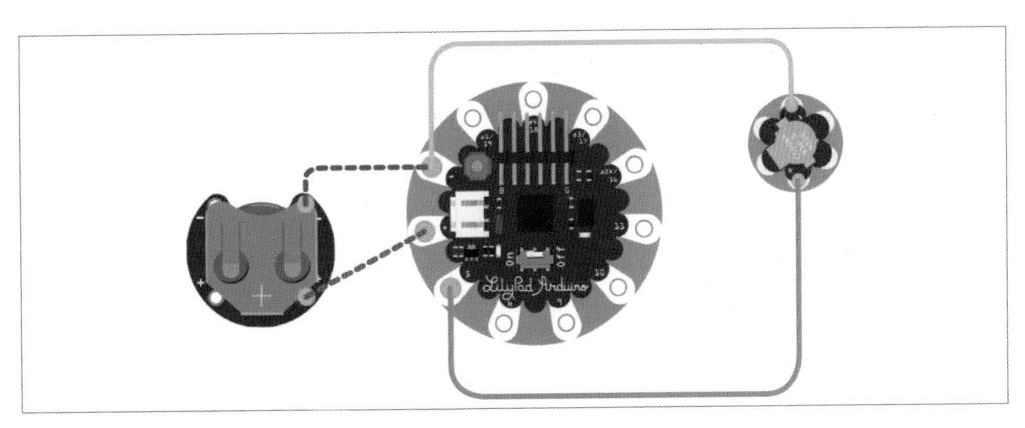

그림80 버저 모듈과 전원이 연결된 릴리패드 심플 보드

와 포트가 정확히 선택되었는지 확인한다.

② 하드웨어의 연결이 끝나면 아두이노 프로그램을 열고 버저 모듈을 이용해서 멜로디를 연주할 수 있는 예제를 다음과 같이 [File]-[Example]-[Digital]-[ToneMelody] 클릭한다.

```
#include "pitches.h" // 헤더파일 - 음표를 미리 정리해 놓은 파일을 불러오기
int melody[] = { NOTE_C4, NOTE_G3, NOTE_G3, NOTE_A3, NOTE_G3, 0, NOTE_B3, NOTE_C4}; //
배열을 이용하여 멜로디의 음 설정하기
int noteDurations[] = { 4, 8, 8, 4, 4, 4, 4, 4 }; // 음이 지속되는 시간 설정하기
void setup() {
 // 멜로디 음 연주하기
 for (int thisNote = 0; thisNote < 8; thisNote++) {
  int noteDuration = 1000 / noteDurations[thisNote];
  tone(8, melody[thisNote], noteDuration);
  int pauseBetweenNotes = noteDuration * 1.30;
  delay(pauseBetweenNotes);  // 음 사이 쉬어주기
  noTone(8); // 연주 멈추기
 }
}
void loop() {
}
```

③ 프로그램을 릴리패드에 업로드하고 멜로디가 연주되는지 확인한다. 멜로디의 음을 바꾸기 위해서는 위 코드의 melody[] 배열 안의 음 설정을 원하는 음의 주파수로 변경하면 된다.

주파수 - 도(C5) = 523, 레(D5) = 587, 미(E5) = 659, 파(F5) = 698, 솔(G5) = 783, 라(A5) = 880, 시(B5) = 987, 도(C6) = 1047

◎ 버저 모듈을 활용한 제품의 예

- ▸ 연주가 가능한 장갑
- ▸ 물건의 정리를 유도할 수 있도록 덮개를 닫으면 음악이 나오는 유아용 가방

디자인 설계와 봉제

회로의 설계

릴리패드를 활용하여 스마트 패션액세서리를 만들기 위해서는 먼저 작품의 디자인을 구상하고, 다음으로 릴리패드가 입출력장치의 동작을 제어할 수 있는 전자 회로를 설계해야 한다. 전자 회로의 설계는 간단한 스케치나 Fritzing이라는 프로그램을 이용해 그려볼 수 있다. 전자 회로를 먼저 그려보는 이유는 각 부품들의 위치를 최적의 배치로 효율적인 거리를 예측하고, 부피를 최소화할 수 있으며, 부품의 봉제선이 겹쳐서 합선이 되지 않도록 미리 확인하기 위해서이다.

봉제 전, 스케치로 작성한 프로그램을 릴리패드로 전송하여 설계된 회로가 원하는 대로 제대로 동작하는지 먼저 확인한다. 회로의 테스트를 위한 단계에서는 전도성 실로 봉제하지 않고 악어 클립을 이용해 테스트 하고, 오류가 없다면 전도성 실로 봉제하여 작품을 완성한다.

릴리패드의 전자 회로는 전기가 통하는 전도성 실로 바느질을 통해 구현되므로 바느질이 시작되기 전 회로의 오류를 꼼꼼히 체크해야 작업의 반복을 줄일 수 있다.

가장 많이 실수하는 전자회로 설계의 오류는 크게 다음의 4가지이다.

첫째, 전원 장치와 릴리패드 보드 사이의 연결이 바르지 않은 경우이다. 입출력장치들은 (+) 극과 (–) 극을 가지므로, 극성이 정확히 연결되어야 제대로 동작한다. 따라서 릴리패드의

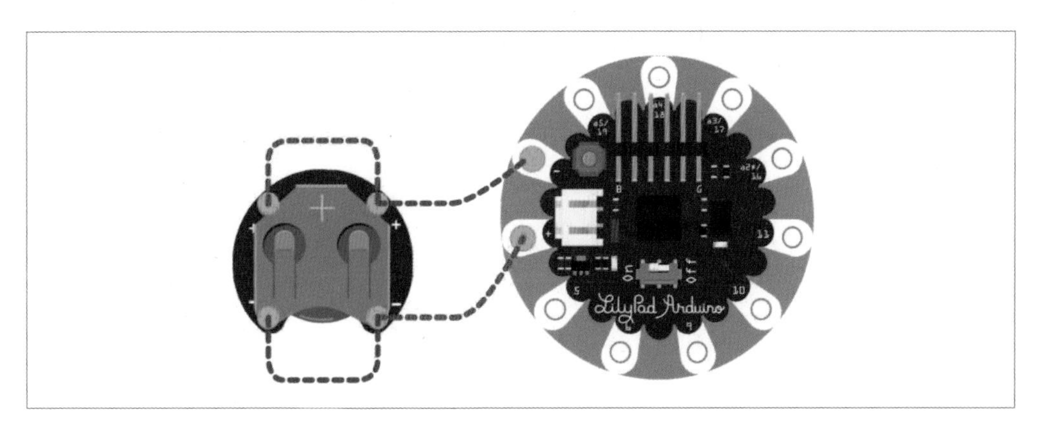

그림81 전원의 (+) 극, (-) 극이 잘못 연결된 사례

(–) 극은 입출력장치의 (–) 극에, 릴리패드의 (+) 극은 입출력장치의 (+) 극에 연결해야 한다. 이때, (–) 극과 (+) 극이 서로 교차하거나 닿지 않도록 주의하여야 한다.

둘째, RGB LED를 사용할 때 R, G, B핀을 릴리패드의 디지털 핀에 연결하는 경우이다. RGB 값을 다양하게 해 LED를 사용하고 싶다면, 0~255 사이의 아날로그 색값을 입력해야 하므로, 디지털 핀이 아닌 아날로그 핀에 연결해야 빛의 다양한 효과를 볼 수 있다.

아날로그 핀은 번호가 a0, a1 등으로 표기되므로 식별이 용이하다.

셋째, LED를 여러 개 사용하는 경우, 병렬 배열을 이용하기도 한다. 이때 LED의 (+), (–) 핀의 방향을 잘 체크하도록 한다. 여러 개의 LED 중 하나라도 방향이 다르다면 오류가 생겨 원하는 출력 효과가 발생하지 않게 되기 때문이다.

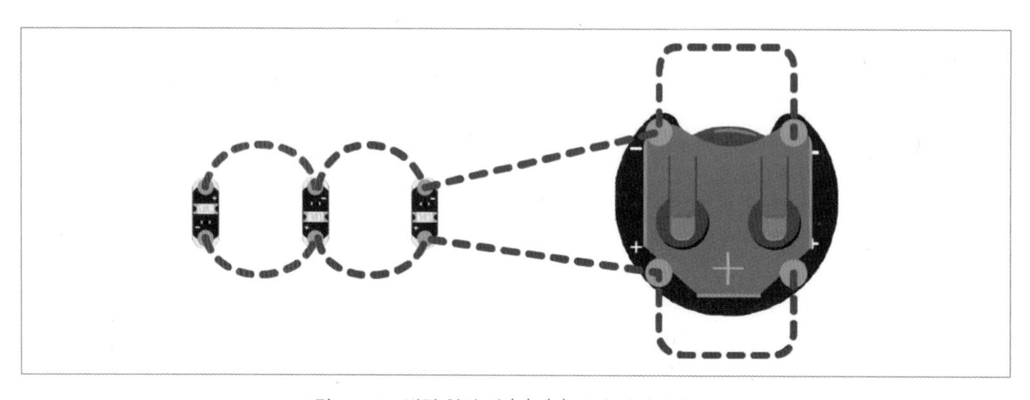

그림82 LED 병렬 연결 시 (+), (–) 극이 맞지 않은 사례

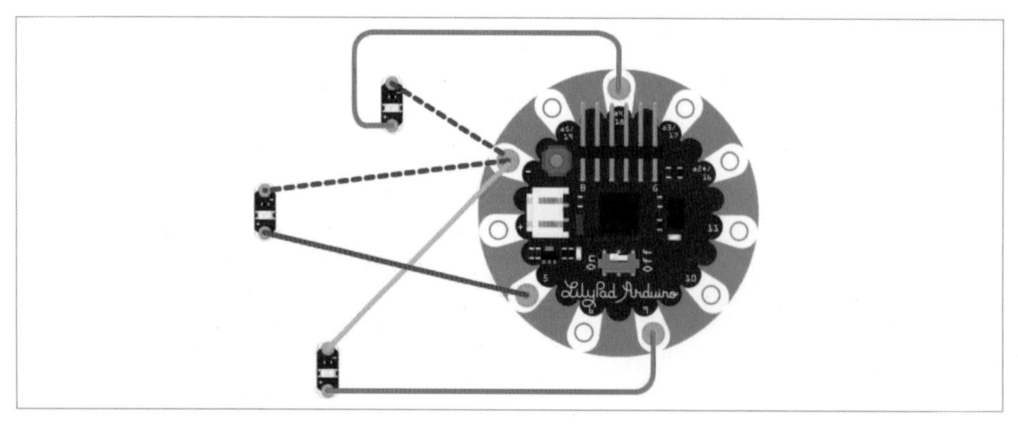

그림83 전도성 실이 서로 닿아 합선이 되는 사례

넷째, 봉제선이 겹치도록 설계된 경우이다. 피복된 전선과 달리 전도성 봉제사는 실이 겹치거나 늘어져서 서로 붙는 경우 합선이 일어난다. 합선이 일어나면, 실이 타고, 릴리패드 보드에 과부하가 걸려 고장이 나기도 한다. 합선으로 고장난 릴리패드 보드는 재사용이 불가능하다. 따라서 전자회로를 설계할 때 봉제 시 실이 교차하지 않도록 봉제선의 위치를 설정하고, 불가피하게 교차할 경우 서로 합선되지 않도록 실 사이에 절연패치를 덧대주거나, 코팅제를 발라 주어야 한다.

릴리패드 봉제하기

작고 간편하게 디자인된 마이크로프로세스 보드의 형태와 유연한 전도성 실을 사용하기 때문에 릴리패드는 아두이노계 다른 보드와 다르게 직물에 바느질해서 부착할 수 있다는 장점이 있다. 릴리패드 봉제에 사용되는 실은 전도성 실로 전류가 전달될 수 있고, 납땜과 달리 손으로 고정하는 방법이므로 마감처리가 꼼꼼히 되지 않으면 서로 접촉해 합선이 생기기 쉽기 때문에 주의해서 바느질해야 한다. 릴리패드 봉제 시 사용되는 바느질인 홈질은 바늘이 직물의 위로 한 번 아래로 한 번 통과하여 바느질하는 방법이다. 봉제 시 실이 겹치거나, 교차되지 않았는지 앞 뒷면을 꼼꼼하게 확인하고 불가피한 경우는 전기가 통하지 않는 절연패치나, 천을 덧붙이도록 한다.

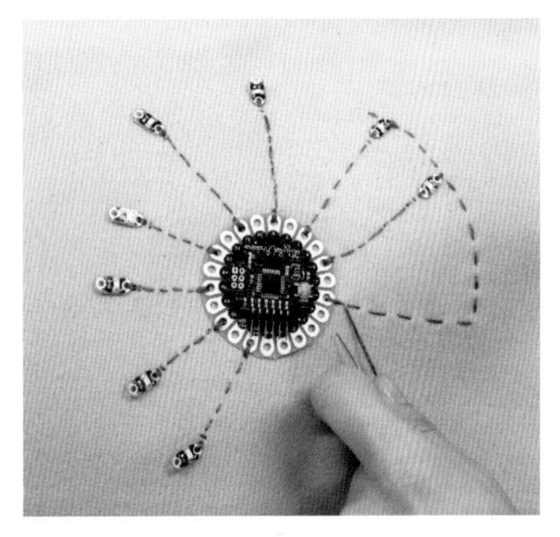

그림84 전도성 실로 홈질하기

전도성 실을 이용해 센서나 LED와 같은 입출력장치를 연결할 경우는 둥근 모양의 핀 부분을 여러 차례 감아서 마감한다. 실의 두께가 얇다면 두 줄을 겹쳐써도 된다. 또한 마감 후 실을 가위로 자를 때 길게 마감한 끝 부분이 늘어지지 않도록 깔끔하게 정리하고, 마무리할 때는 실이 풀어지지 않도록 코팅제를 발라 마감하기도 한다. 원단의 경우 유연하고 부드럽기 때문에 봉제 시 수틀을 이용해 팽팽하게 당긴 상태에서 작업을 하면 편리하다.

SMART FASHION ACCESSORIES PRACTICE WORKBOOK

PART 2 스마트 패션액세서리 실습 워크북

1 반짝반짝 빛나는 LED 브로치

2 보행 방향(L과 R)을 알려주는 LED 가방

3 덮개를 열면 불이 켜지는 클러치 백

4 보행자의 안전을 위해 불을 밝히는 든든한 모자

5 심장박동에 따라 깜박이는 헤어밴드

6 천천히 걸어봐요 – 속도를 감지해 메시지를 보여주는 신발

7 스마트 뮤직 플레이어 장갑

8 안전을 지켜주는 자전거 라이더용 무지갯빛 크로스백

9 팝팝팝, 나처럼 톡톡 튀는 클러치 백

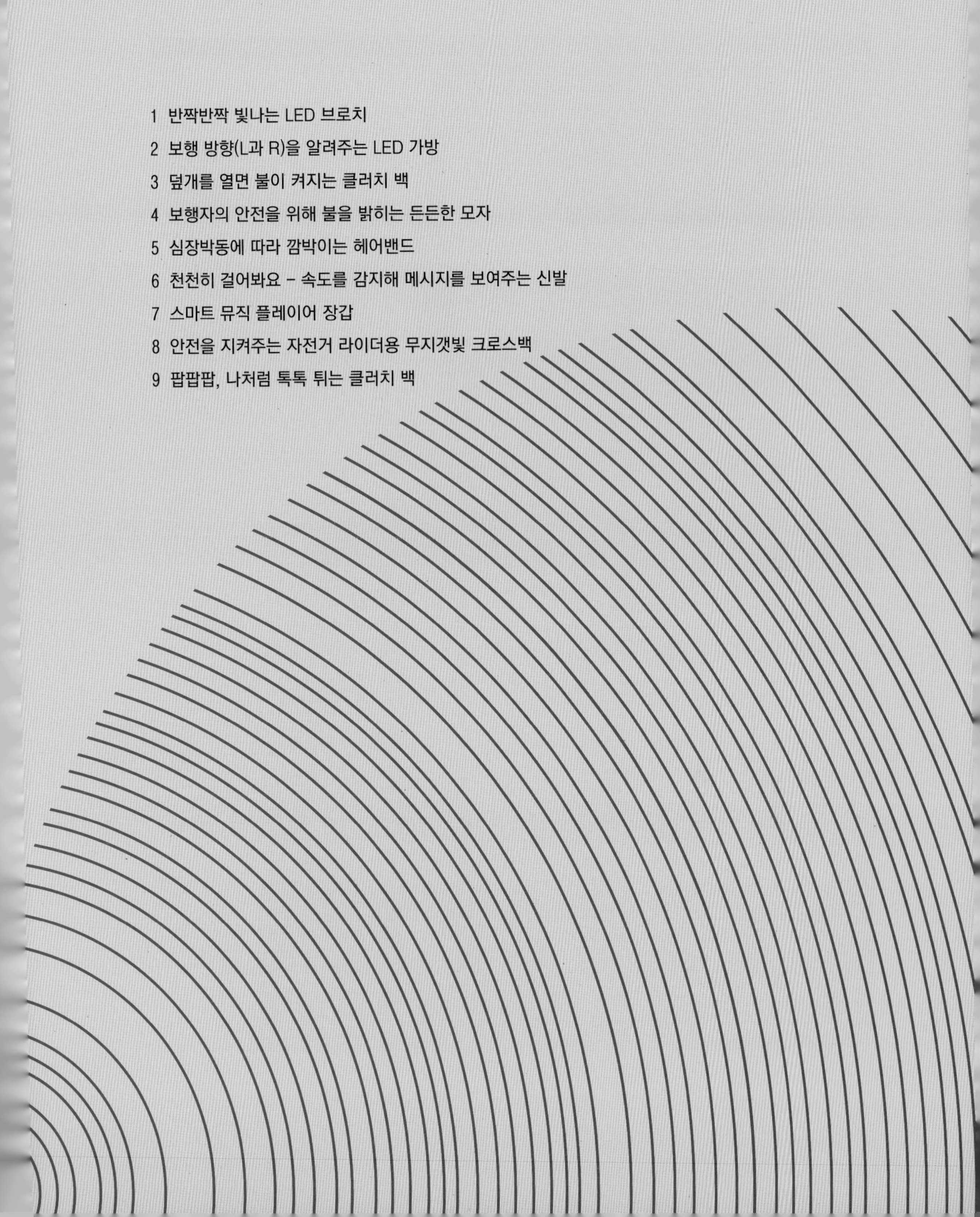

WORK 1

반짝반짝 빛나는 LED 브로치

릴리패드 보드를 활용하여 LED가 깜박이는 패션 브로치를 제작한다. LED가 부착된 브로치는 탈부착이 쉬운 제품의 특성상 패션 스타일에 맞게 선택적으로 착용할 수 있다는 장점이 있다. 원하는 패션 이미지에 따라 LED 빛의 색상과 브로치를 만들 재료 등은 자유롭게 선택할 수 있다.

재료

릴리패드 아두이노 심플 보드, FTDI 커넥터, 마이크로 USB 케이블, 코인셀 홀더/코인셀 전지, 릴리패드 LED White 4개, 전도성 실, 바늘, 브로치를 만들 원단 등

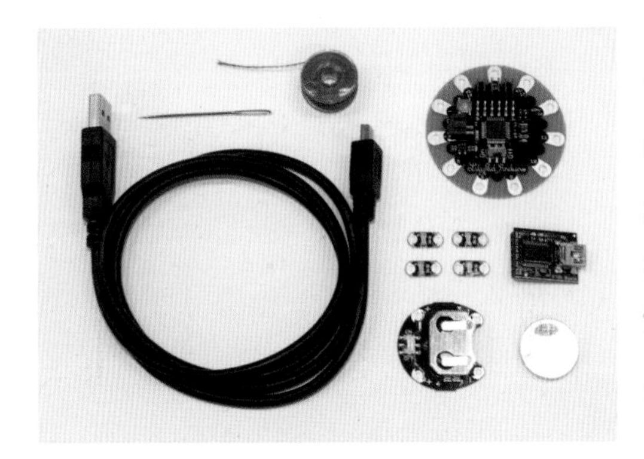

LED 브로치의 아두이노 재료

LED 브로치를 위해 마름질한 원단

디자인

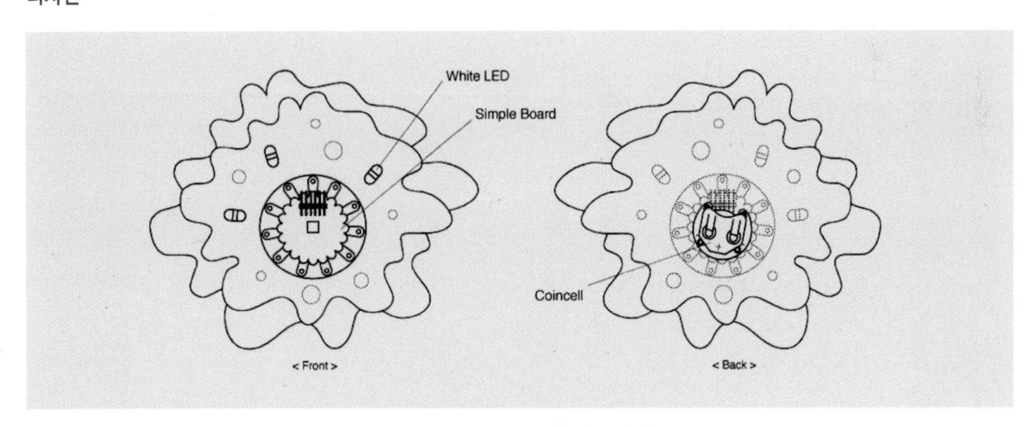

LED 브로치 디자인 앞(좌), 뒤(우)

회로 스케치

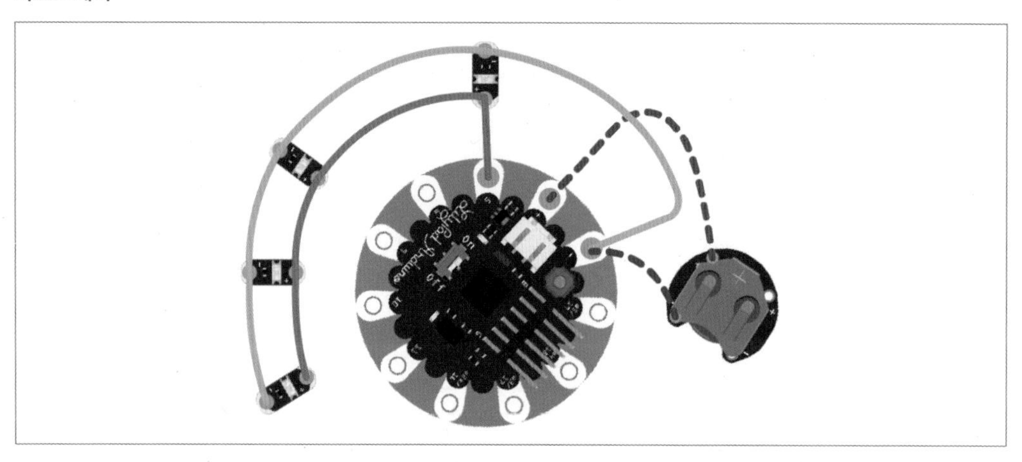

LED 브로치의 회로 구성 이미지

코딩

다음 코드를 아두이노 스케치에 입력하고 컴파일한 뒤에 업로드하여 실행시킨다. LED가 제대로 깜박이는지 확인한다.

```
void setup() {
  pinMode(5, OUTPUT);  // 5번 핀에 LED를 연결하여 출력으로 설정
}

void loop() {
  digitalWrite(5, HIGH);   // 5번 핀에 연결된 LED 켜기
  delay(1000);             // 1초 기다림
  digitalWrite(5, LOW);    // 5번 핀에 연결된 LED 끄기
 delay(1000);              // 1초 기다림
}
```

제작 순서

1 위의 회로 이미지와 같이 릴리패드 아두이노 심플 보드를 제작하고자 하는 브로치 원단에 배치한 뒤 초크로 위치를 표시한다.

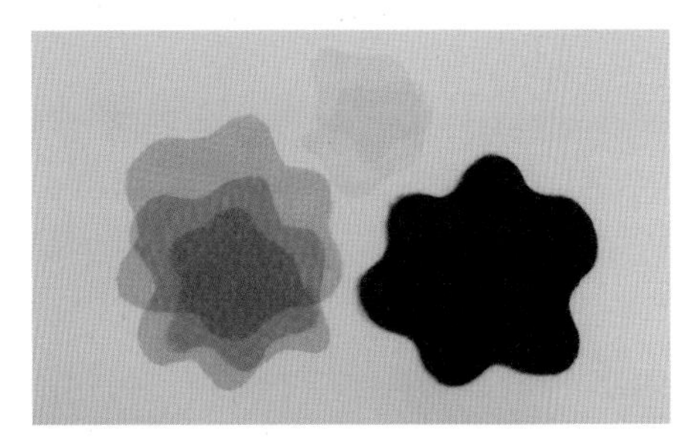

마름질한 원단 준비하기

원단 배치하기

2 릴리패드 보드를 중심으로 LED의 위치를 잡고, 첫 번째 LED의 (+) 극을 릴리패드의 디지털 5번 핀과 연결한다.

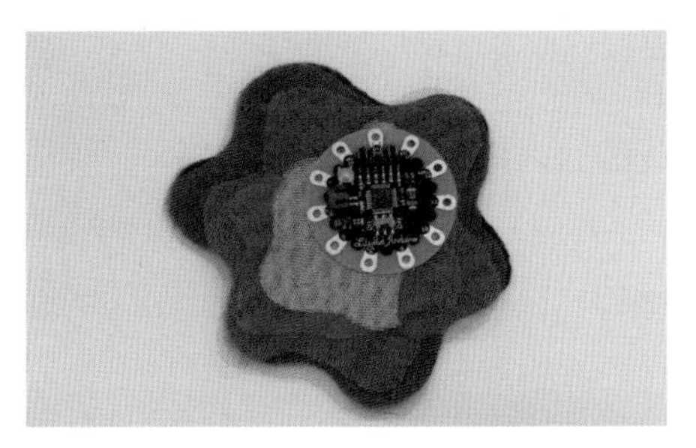

릴리패드 보드 배치하기

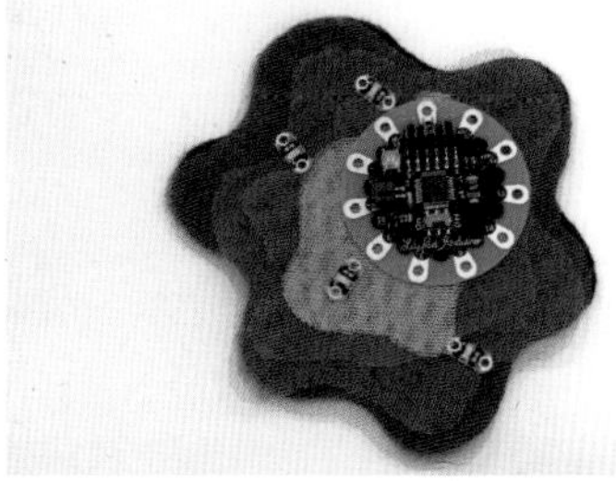

LED 배치하기

3 두 번째, 세 번째, 네 번째 LED를 병렬로 연결하기 위해 원단 위에 배치하고 봉제한다. LED들의 (+) 극은 (+) 극끼리, (-) 극은 (-) 극끼리 연결되도록 홈질로 바느질해서 연결한다.

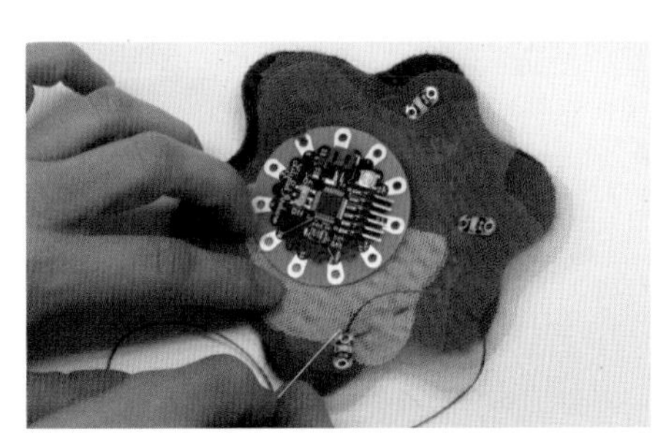

LED 연결하기

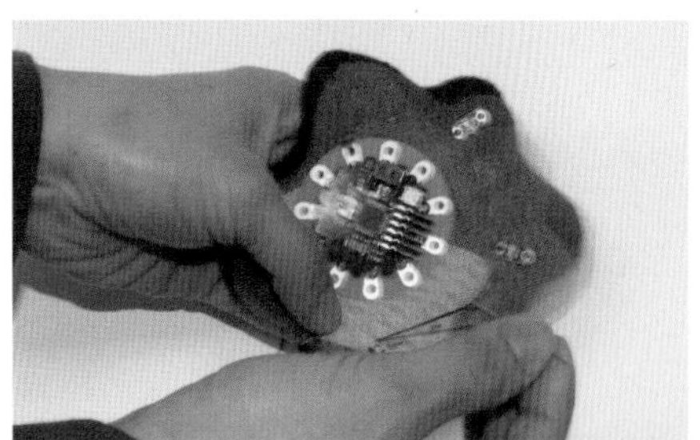

병렬로 연결된 LED

4 LED의 (-) 극은 릴리패드의 (-)에 연결되도록 한다.

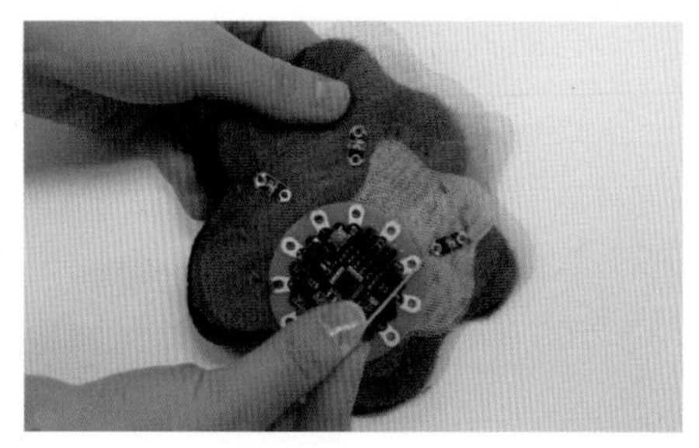
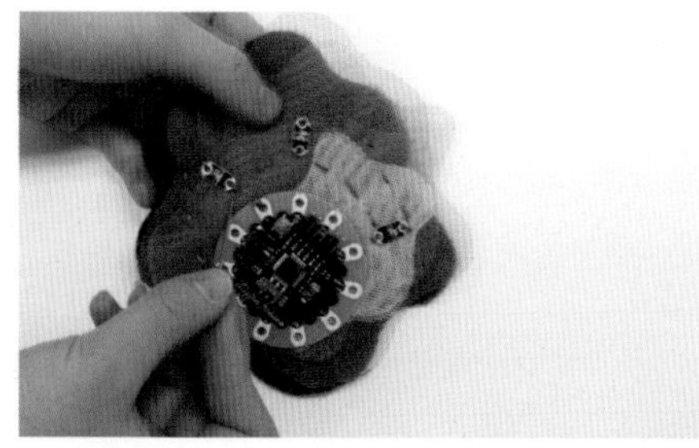

릴리패드 보드와 LED 연결하기

5 코인셀 홀더에 코인셀 전지를 넣고 브로치 뒷면에 부착한 뒤, 코인셀 홀더의 (+) 극이 릴리패드의 (+) 핀에, (-) 극이 릴리패드의 (-) 극에 연결되도록 홈질로 바느질해서 이어준다.

브로치 뒷면에 코인셀 전지 부착 후 연결하기

완성된 LED 브로치의 모습

6 프로그래밍한 코드를 업로드하고, LED가 제대로 작동하는지 확인한다.

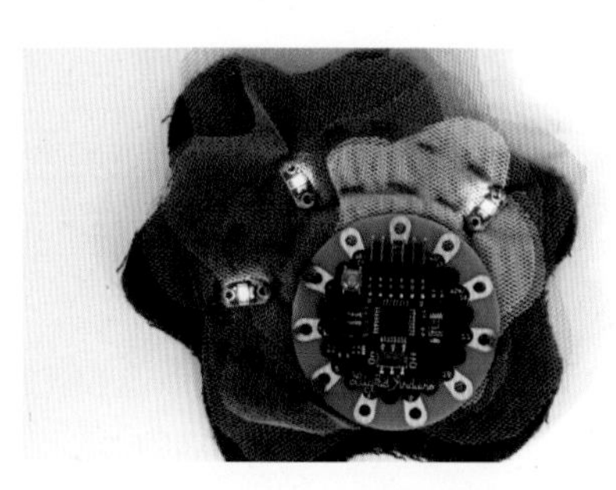

불이 켜지는 브로치의 모습

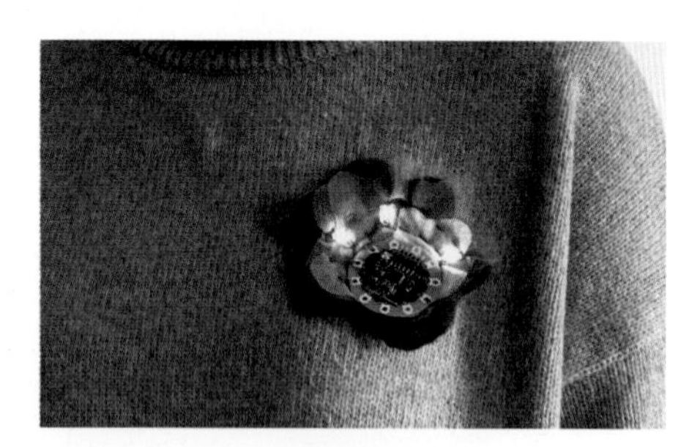

착장 모습

WORK 2

보행 방향(L과 R)을 알려주는 LED 가방

릴리패드 보드와 LED 그리고 릴리패드 버튼 보드를 활용하여 어두울 때 왼쪽, 오른쪽의 보행방향을 LED를 켜서 보행자의 진로 방향을 표시할 수 있는 스마트 패션 가방을 제작하고자 한다. 어두운 밤에 자전거를 탈 때 뒤에서 오는 차량이나 자전거 운전자에게 자신의 위치와 움직이는 방향을 알림으로써 자신을 보호할 수 있는 기능이 있다. 본 디자인 워크북에서는 릴리패드용 버튼 보드를 가방의 어깨 밴드에 부착하여 양손을 이용해 쉽게 두 방향의 LED를 켤 수 있게 하였다.

재료

릴리패드 아두이노 메인 보드, FTDI 커넥터, 마이크로 USB 케이블, 릴리패드 파워 서플라이, AAA 배터리, 릴리패드 LED White 26개, 릴리패드 버튼 보드 2개, 전도성 실, 바늘, 가방 등

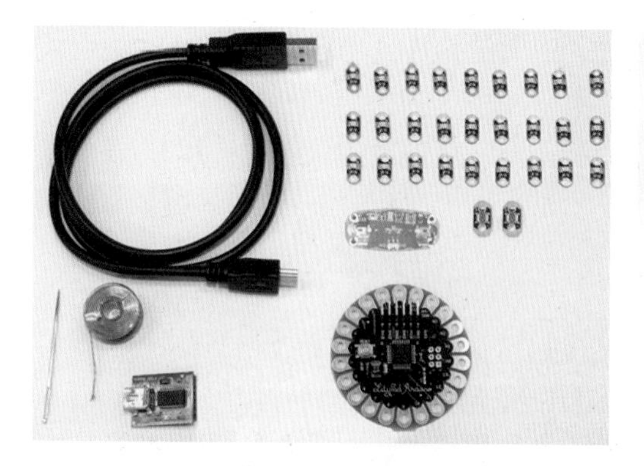

LED 가방 제작을 위한 전자 부품

가방 또는 가방을 만들 재료

디자인

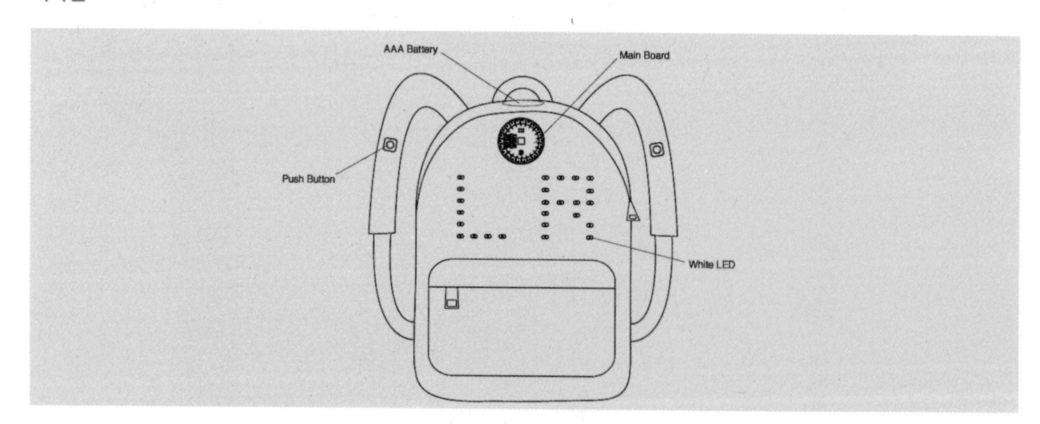

LED 가방 디자인

회로 스케치

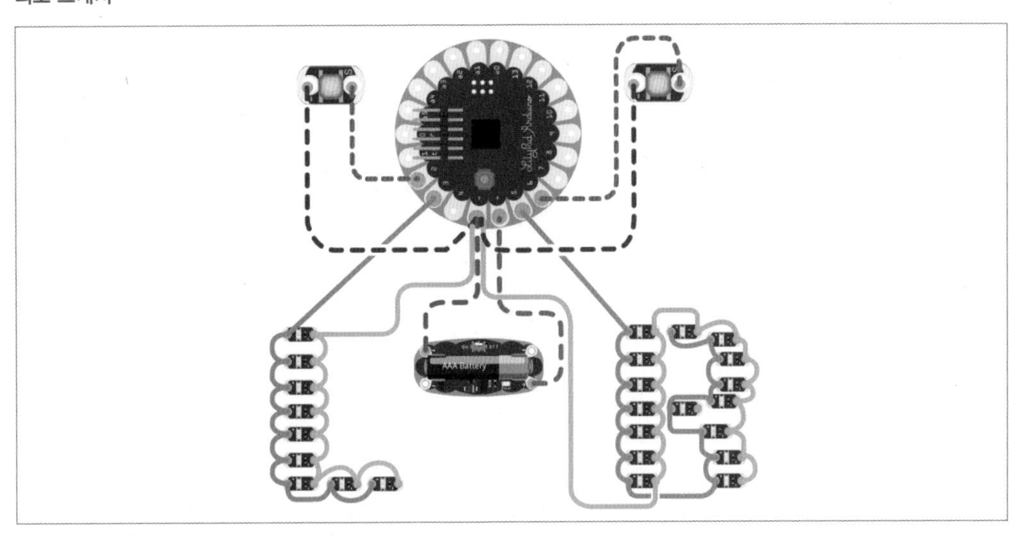

LED 가방 제작을 위한 회로 구성 이미지

코딩

다음 코드를 아두이노 스케치에 입력해 보고, 실행시켜 본다.

```
int ledPin_L = 3;        // 왼쪽 L 모양의 LED 핀을 3번 핀으로 설정
int switchPin_L = 2;  // 왼쪽 버튼을 2번 핀으로 설정
int ledPin_R = 5;        // 오른쪽 R 모양의 LED 핀을 5번 핀으로 설정
int switchPin_R = 6;  // 오른쪽 버튼을 6번 핀으로 설정
int switchValue ;       // 버튼이 눌려졌는지 아닌지를 출력할 정수형 변수 설정
int x, y;                    // x, y값을 출력할 정수형 변수 설정

void setup() {
  pinMode(ledPin_L, OUTPUT);   // 왼쪽 L 모양의 LED를 연결하여 출력으로 설정
  pinMode(switchPin_L, INPUT);  // 왼쪽 버튼을 연결하여 입력으로 설정
  digitalWrite(switchPin_L, HIGH); // 왼쪽 버튼 끄기
  pinMode(ledPin_R, OUTPUT); // 오른쪽 R 모양의 LED를 연결하여 출력으로 설정
  pinMode(switchPin_R, INPUT); // 오른쪽 버튼을 연결하여 입력으로 설정
```

```
  digitalWrite(switchPin_R, HIGH); // 오른쪽 버튼 끄기
}

void loop() {
  if (switchValue == digitalRead(switchPin_L)) { // 왼쪽 버튼 값을 읽도록 설정
    if (switchValue == LOW) {   // 왼쪽 버튼이 눌러졌다면
      for (x = 0; x < 10; x++) {  // 왼쪽 LED가 10번 반복해서 깜박이도록 설정
        digitalWrite(ledPin_L, HIGH);  // 왼쪽 LED 켜기
        delay(100);                    // 0.1초간 기다림
        digitalWrite(ledPin_L, LOW);   // 왼쪽 LED 끄기
        delay(100);                    // 0.1초간 기다림
      }
    }
    else {                         // 왼쪽 버튼이 눌러지지 않았다면
      digitalWrite(ledPin_L, LOW);  // 왼쪽 LED 끄기
    }
  }

  if (switchValue == digitalRead(switchPin_R)) { // 오른쪽 버튼 값을 읽도록 설정
    if (switchValue == LOW) {     // 오른쪽 버튼이 눌러졌다면
      for (x = 0; x < 10; x++) {  // 오른쪽 LED가 10번 반복해서 깜박이도록 설정
        digitalWrite(ledPin_R, HIGH);  // 오른쪽 LED 켜기
        delay(100);                    // 0.1초간 기다림
        digitalWrite(ledPin_R, LOW);   // 오른쪽 LED 끄기
        delay(100);                    // 0.1초간 기다림
      }
    }
    else {                             // 오른쪽 버튼이 눌러지지 않았다면
      digitalWrite(ledPin_R, LOW);     // 오른쪽 LED 끄기
    }
  }
}
```

제작 순서

1 회로와 같이 릴리패드 보드를 제작하고자 하는 가방에 적당히 배치한 뒤 봉제한다.

가방 위에 릴리패드 보드 봉제하기

2 L 모양으로 가방의 왼쪽에 LED의 위치를 잡고 병렬로 연결하면서 가방에 봉제한다. 이때 LED의 위치를 초크로 표시해 두고 꿰매면 편하다. R 모양의 LED도 그림과 같이 가방의 오른쪽에 위치를 잡고 병렬로 연결하면서 가방에 봉제한다.

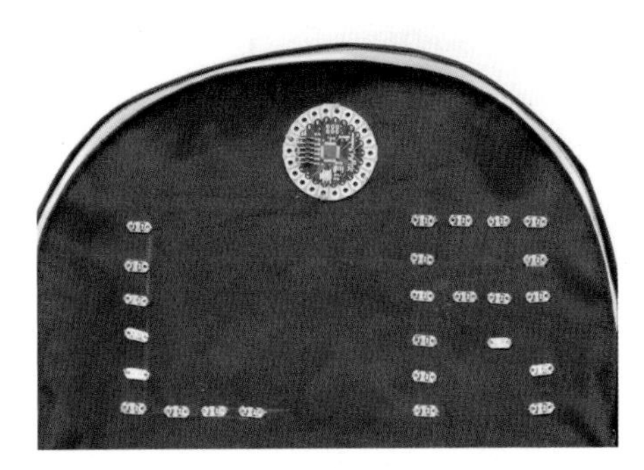

좌, 우를 표시하는 L, R 모양의 LED 봉제하기

3 L 모양 LED의 (+) 극은 릴리패드의 3번 핀에 연결하고, (−) 극은 릴리패드의 (−) 핀에 연결한다.

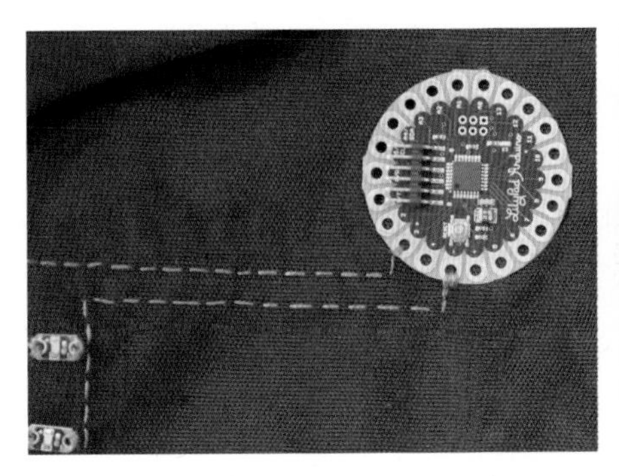

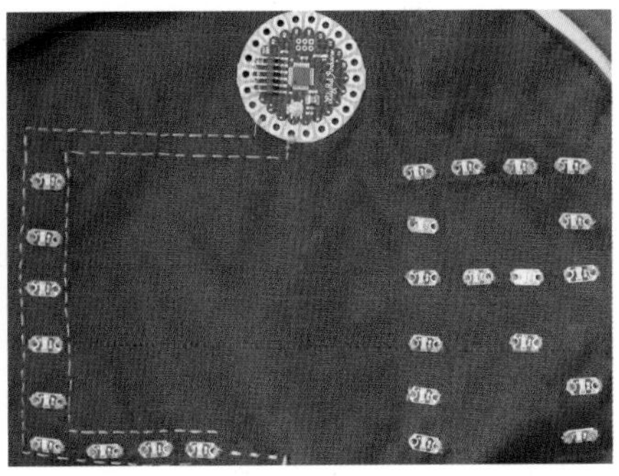

릴리패드와 L모양 LED 연결하기

4 R 모양 LED의 (+) 극은 릴리패드의 5번 핀에 연결하고, (-) 극은 릴리패드의 (-) 핀에 연결한다.

릴리패드와 R 모양 LED 연결하기

5 가방 끈의 이깨 앞쪽으로 릴리패드 버튼 보드를 오른쪽, 왼쪽 각각 하나씩 배치하여 봉제한다.

릴리패드 버튼 보드 봉제하기

6 왼쪽 버튼 보드의 (+)는 릴리패드의 2번 핀에 연결, (-)는 L 모양 LED의 (-) 극에 연결하여, 봉제된 선끼리 만나지 않도록 (-) 극을 연결한다.

왼쪽 버튼 보드와 릴리패드 연결하기

7 오른쪽 버튼 보드의 (+)는 릴리패드 보드의 6번 핀에 연결, (-)는 R 모양 LED의 (-) 극에 연결하여 봉제된 선끼리 만나지 않도록 (-) 극을 연결한다.

오른쪽 버튼 보드와 릴리패드 연결하기

8 릴리패드 파워 서플라이는 가방의 안쪽 면 바깥쪽 릴리패드 보드와 근접한 위치에 배치하여 (+) 극은 릴리패드의 (+) 핀에, (-) 극은 릴리패드의 (-) 극에 홈질로 연결해준다. 가방 앞면의 전도성 실의 방향에 주의해서 봉제한다. 복잡한 디자인의 봉제 시 전도성 실의 (+) 방향과 (-) 방향이 교차하지 않도록 주의하면서 봉제한다. 만약, 교차가 불가피한 경우 원단이나 절연테이프를 덧대어 합선을 방지한다.

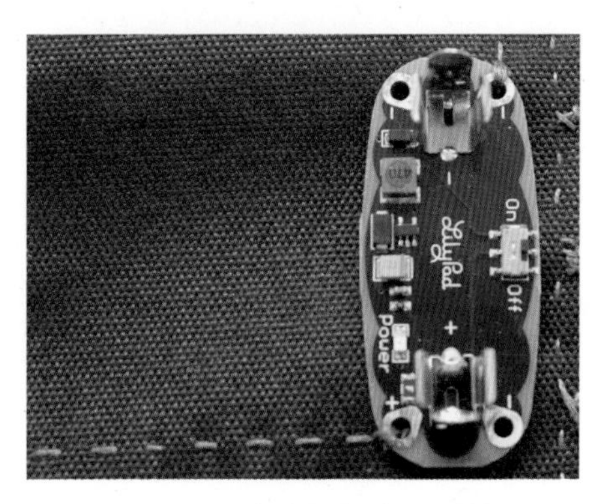

릴리패드 보드와 파워 서플라이 연결하기

9 프로그래밍한 코드를 업로드하고, LED가 제대로 작동하는지 확인한다.

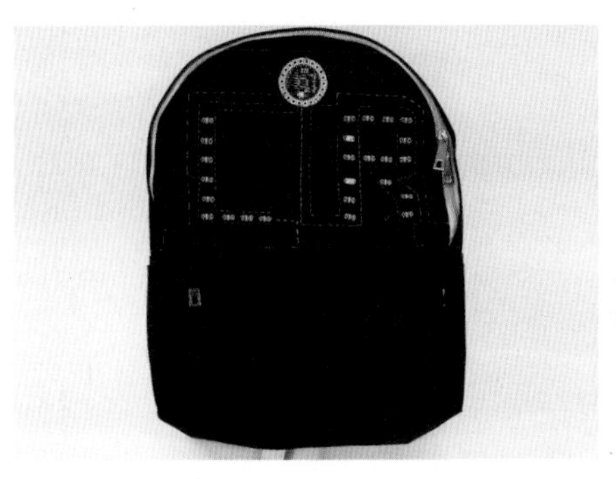

완성된 LED 가방의 모습

착장 모습

WORK 3

덮개를 열면 불이 켜지는 클러치 백

릴리패드와 빛 센서를 활용하여 평상시에는 LED 불이 꺼져 있다가 덮개를 열면 LED 불이 켜지는 스마트 패션 클러치 백을 제작하고자 한다. 어두운 곳에서 가방 안에 있는 물건을 찾을 때 용이한 기능이다. 빛 센서가 입력받는 빛의 조도의 값에 따라 LED가 켜지는 빛을 임계값으로 조절할 수 있다. LED와 함께 빛과 어울리는 다양한 부자재를 이용하여 클러치 백을 꾸밀 수 있어, 다양한 스타일을 만들 수 있다.

재료

릴리패드 아두이노 메인 보드, FTDI 커넥터, 마이크로 USB 케이블, 코인셀 홀더/코인셀 전지, 릴리패드 LED Red, Blue, Green 각각 2개씩 총 6개, 릴리패드 빛 센서, 전도성 실, 바늘, 클러치 백 또는 클러치 백을 만들 원단 등

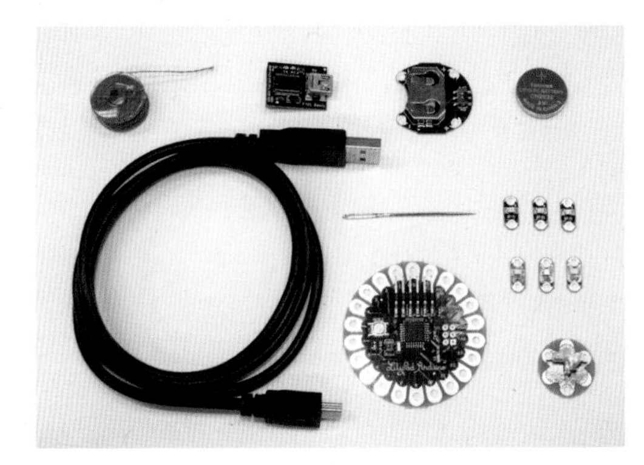

LED 클러치 백을 위한 전자 부품

클러치 백 제작을 위한 원단, 부자재

디자인

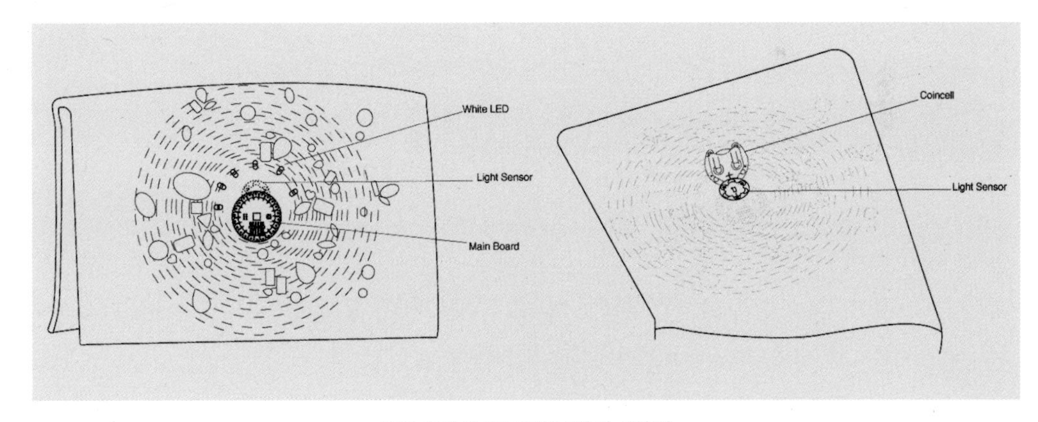

LED 클러치 백 디자인 겉(좌), 안(우)

회로 스케치

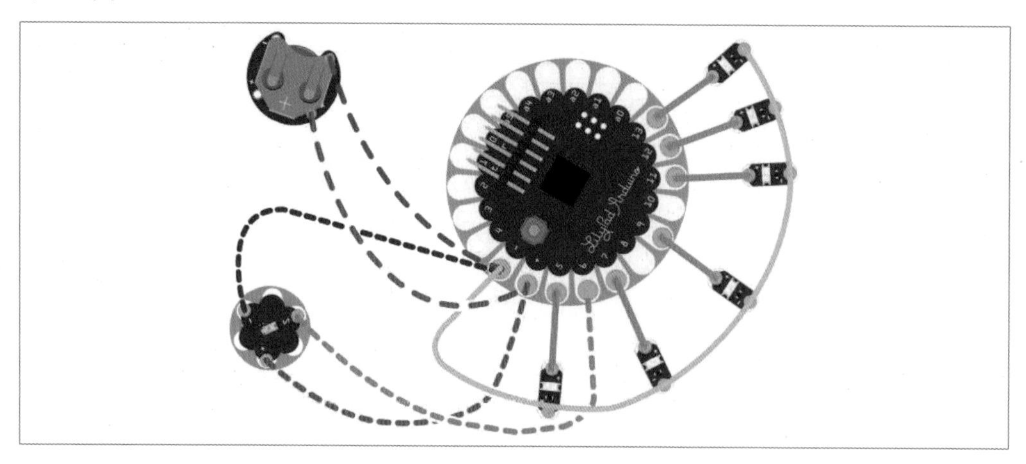

LED 클러치 백 제작을 위한 회로 구성 이미지

코딩

먼저 기준이 되는 조도를 측정하기 위해 빛 센서, 릴리패드 보드 그리고 컴퓨터를 서로 연결하고 아래 코드를 아두이노 스케치에 입력하고 실행시켜 본다. 빛 센서의 (+)는 릴리패드의 (+)에, (-)는 (-)에, (S)는 아날로그 핀 a3에 연결한다.

```
void setup() {
  Serial.begin(9600);                    // 시리얼 통신 속도를 9600으로 맞추기
}
void loop() {
  int sensorValue = analogRead(A3);  // 릴리패드 A3에 들어오는 아날로그 값 읽기
  Serial.println(sensorValue);           // 시리얼 포트로 값 출력하기
  delay(500);                            // 0.5초 동안 기다림
}
```

시리얼 모니터에 출력되는 조도값을 확인한다. 빛 센서를 가려서 어둡게 할 때와 가리지 않아 밝을 때 조도의 경곗값을 알아보고, 두 값의 평균값을 구해서 LED를 제어한다.

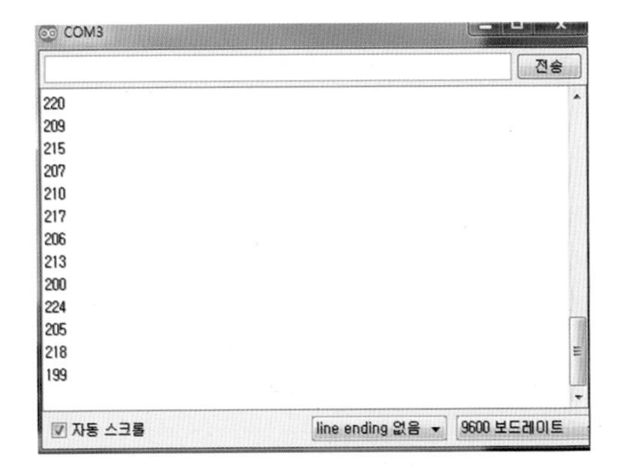

빛 센서에 입력된 조도값을 표시하는 시리얼 모니터 화면

```
void setup() {
  Serial.begin(9600);        // 시리얼 통신 속도를 9600으로 맞추기
  pinMode(5, OUTPUT);   // 5번 핀에 LED를 연결하여 출력으로 설정
  pinMode(7, OUTPUT);   // 7번 핀에 LED를 연결하여 출력으로 설정
  pinMode(9, OUTPUT);   // 9번 핀에 LED를 연결하여 출력으로 설정
  pinMode(11, OUTPUT); // 11번 핀에 LED를 연결하여 출력으로 설정
  pinMode(12, OUTPUT); // 12번 핀에 LED를 연결하여 출력으로 설정
  pinMode(13, OUTPUT); // 13번 핀에 LED를 연결하여 출력으로 설정
}

// LED를 순서대로 켜기
void loop() {
  int sensorValue = analogRead(A3); // A3에 연결된 센서의 아날로그 값 읽기
  Serial.println(sensorValue);         // 읽은 아날로그 값을 시리얼 모니터에 출력
  if (sensorValue > 300) {          // 정해진 임계값 이상이면
    digitalWrite(5, HIGH);           // 5번에 연결된 LED 켜기
    digitalWrite(7, LOW);            // 7번에 연결된 LED 끄기
    digitalWrite(9, LOW);            // 9번에 연결된 LED 끄기
    digitalWrite(11, LOW);           // 11번에 연결된 LED 끄기
    digitalWrite(12, LOW);           // 12번에 연결된 LED 끄기
    digitalWrite(13, LOW);          // 13번에 연결된 LED 끄기
    delay(1000);                    //  1초간 기다림
```

```
digitalWrite(5, LOW);          // 5번에 연결된 LED 끄기
digitalWrite(7, HIGH);         // 7번에 연결된 LED 켜기
digitalWrite(9, LOW);          // 9번에 연결된 LED 끄기
digitalWrite(11, LOW);         // 11번에 연결된 LED 끄기
digitalWrite(12, LOW);         // 12번에 연결된 LED 끄기
digitalWrite(13, LOW);         // 13번에 연결된 LED 끄기
delay(1000);                   // 1초간 기다림
digitalWrite(5, LOW);          // 5번에 연결된 LED 끄기
digitalWrite(7, LOW);          // 7번에 연결된 LED 끄기
digitalWrite(9, HIGH);         // 9번에 연결된 LED 켜기
digitalWrite(11, LOW);         // 11번에 연결된 LED 끄기
digitalWrite(12, LOW);         // 12번에 연결된 LED 끄기
digitalWrite(13, LOW);         // 13번에 연결된 LED 끄기
delay(1000);                   // 1초간 기다림

digitalWrite(5, LOW);          // 5번에 연결된 LED 끄기
digitalWrite(7, LOW);          // 7번에 연결된 LED 끄기
digitalWrite(9, LOW);          // 9번에 연결된 LED 끄기
digitalWrite(11, HIGH);        // 11번에 연결된 LED 켜기
digitalWrite(12, LOW);         // 12번에 연결된 LED 끄기
digitalWrite(13, LOW);         // 13번에 연결된 LED 끄기
delay(1000);                   // 1초간 기다림

digitalWrite(5, LOW);          // 5번에 연결된 LED 끄기
digitalWrite(7, LOW);          // 7번에 연결된 LED 끄기
digitalWrite(9, LOW);          // 9번에 연결된 LED 끄기
digitalWrite(11, LOW);         // 11번에 연결된 LED 끄기
digitalWrite(12, HIGH);        // 12번에 연결된 LED 켜기
digitalWrite(13, LOW);         // 13번에 연결된 LED 끄기
delay(1000);                   // 1초간 기다림
```

```
    digitalWrite(5, LOW);        // 5번에 연결된 LED 끄기
    digitalWrite(7, LOW);        // 7번에 연결된 LED 끄기
    digitalWrite(9, LOW);        // 9번에 연결된 LED 끄기
    digitalWrite(11, LOW);       // 11번에 연결된 LED 끄기
    digitalWrite(12, LOW);       // 12번에 연결된 LED 끄기
    digitalWrite(13, HIGH);      // 13번에 연결된 LED 켜기
    delay(1000);                 // 1초간 기다림
  }
  else {                         // 그렇지 않으면
    digitalWrite(5, LOW);        // 5번에 연결된 LED 끄기
    digitalWrite(7, LOW);        // 7번에 연결된 LED 끄기
    digitalWrite(9, LOW);        // 9번에 연결된 LED 끄기
    digitalWrite(11, LOW);       // 11번에 연결된 LED 끄기
    digitalWrite(12, LOW);       // 12번에 연결된 LED 끄기
    digitalWrite(13, LOW);       // 13번에 연결된 LED 끄기
  }
}
```

제작 순서

1 릴리패드 보드를 클러치 백 덮개의 중앙에 배치하여 봉제한다.

릴리패드 보드 배치하기

2 디자인에서 기획한대로 릴리패드를 중심으로 LED를 직렬로 배치한 뒤 봉제한다. LED의 (+) 극들은 릴리패드의 5번, 7번, 9번, 11번, 12번, 13번 핀에 각각 홈질로 연결해 주고, (-) 극은 릴리패드의 (-) 핀에 연결해 준다. 덮개에 디자인으로 보이고 싶은 홈질은 바깥으로, 보이고 싶지 않은 홈질은 안쪽으로 봉제해 준다. 릴리패드 보드를 중심으로 봉제된 LED와 봉제선을 중심으로 원하는 디자인 형태로 스톤비즈를 부착하고 자수실로 스티치를 넣어 원하는 형태로 디자인을 완성한다.

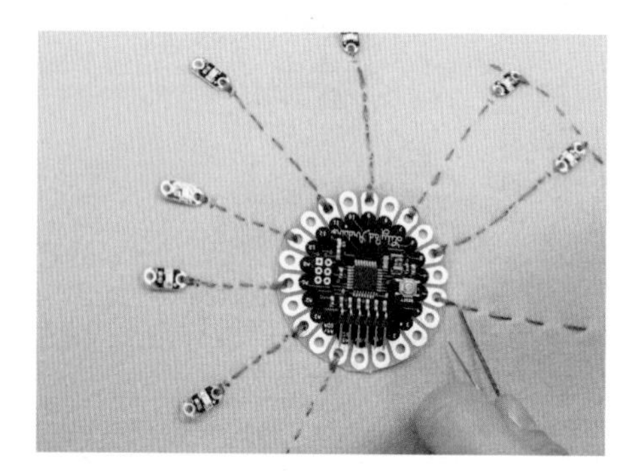

LED 연결하기

LED 주변에 부자재 부착하기

3 덮개를 열면 빛을 인식하여 LED에 불이 들어오도록 빛 센서를 클러치 백의 안쪽에 배치하여 봉제한 뒤 릴리패드에 연결한다. 빛 센서의 (+)는 릴리패드의 (+) 핀에, 빛 센서의 (-)는 릴리패드의 (-) 핀에, 마지막으로 빛 센서의 (S)는 릴리패드의 a3번 핀에 연결한다.

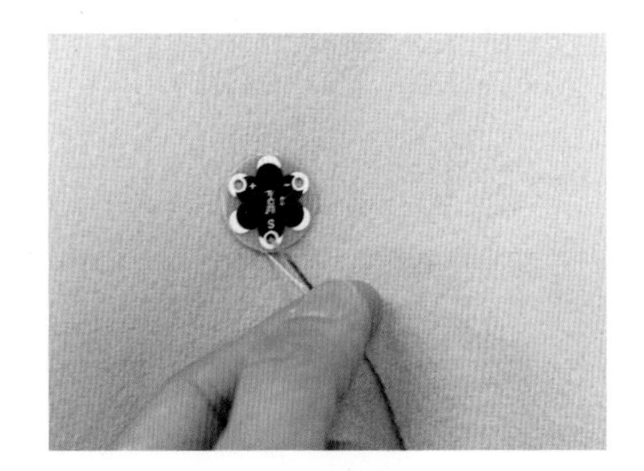

빛 센서 봉제하기

빛 센서와 릴리패드 연결하기

4 가방 안에 코인셀 홀더를 배치한 뒤 릴리패드와 연결한다. 코인셀 홀더의 (+) 극은 릴리패드의 (+) 핀에, (-) 극은 보드의 (-) 핀에 연결한다. (+)와 (-) 방향의 전도성 실이 서로 교차하지 않도록 주의하면서 봉제한다.

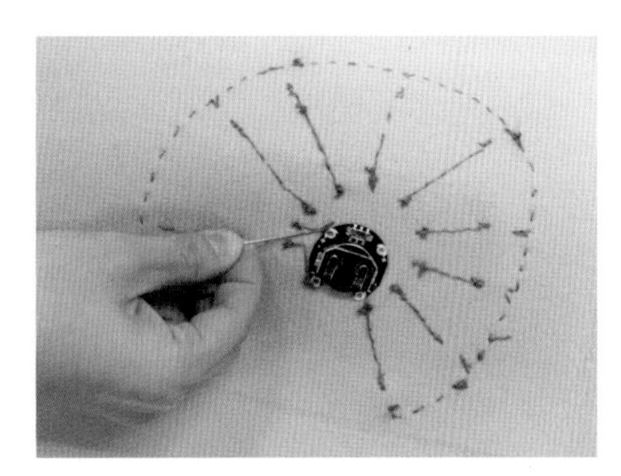

가방 안쪽 면에 코인셀 전지 홀더 부착,
릴리패드에 연결하기

5 프로그래밍한 코드를 업로드하고, LED가 제대로 작동하는지 확인한다.

완성된 LED 클러치 백

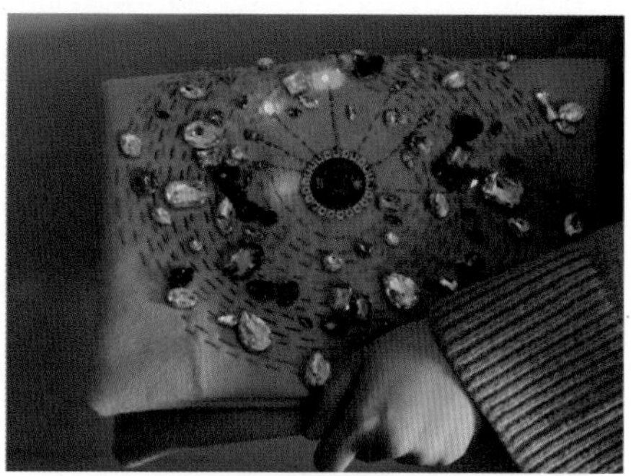

착장 모습

보행자의 안전을 위해 불을 밝히는 든든한 모자

릴리패드와 빛 센서를 활용하여 어두운 곳에서 LED를 밝혀 보행자의 위치를 표시하는 스마트 패션 모자를 제작하고자 한다.

재료

릴리패드 아두이노 심플 보드, FTDI 커넥터, 마이크로 USB 케이블, 코인셀 홀더/코인셀 전지, 릴리패드 LED Red 6개, Green 6개, 릴리패드 빛 센서, 전도성 실, 바늘, 모자 또는 모자를 만들 재료 등

LED 모자 제작을 위한 전자 부품

모자 또는 모자를 만들 재료

디자인

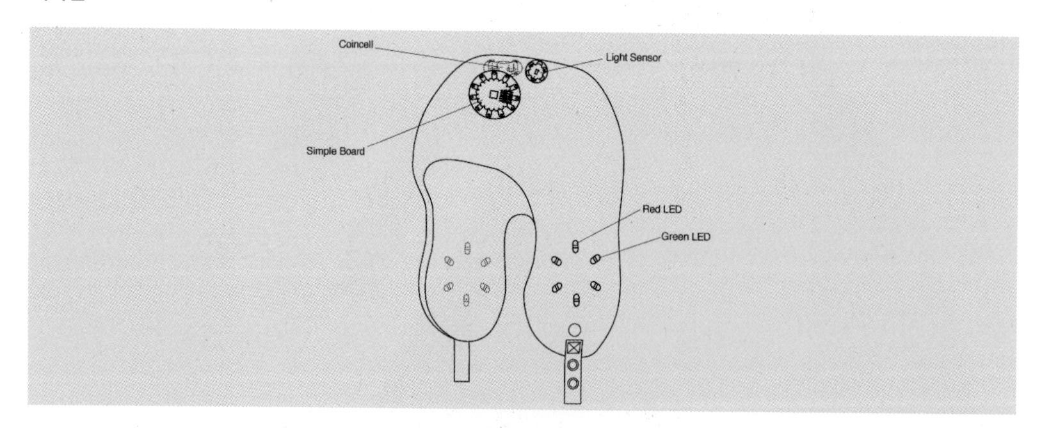

LED 모자 디자인

회로 스케치

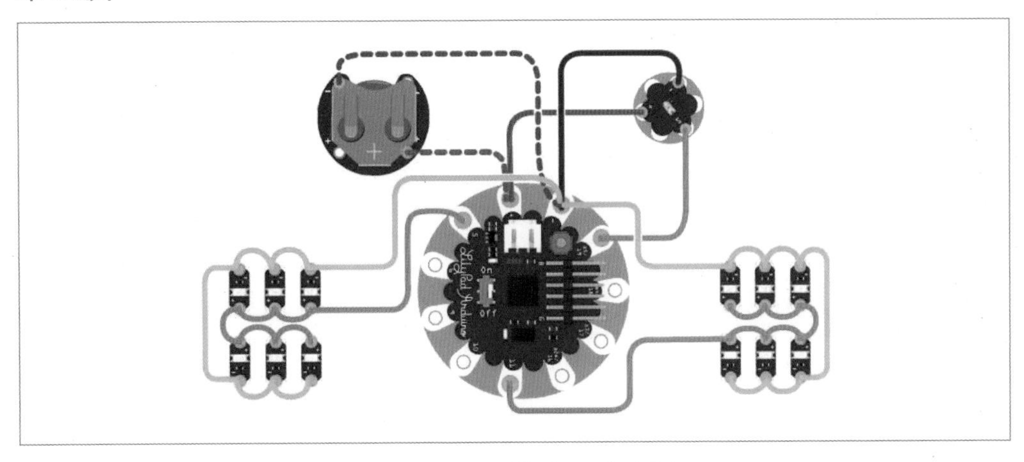

LED 모자 제작을 위한 회로 구성 이미지

코딩

먼저 기준이 되는 조도를 측정하기 위해 빛 센서, 릴리패드 보드 그리고 컴퓨터를 연결하고 아래 코드를 아두이노 스케치에 입력하여 실행시켜 본다.

```
void setup() {
  Serial.begin(9600);                    // 시리얼 통신 속도를 9600으로 맞추기
}
void loop() {
  int sensorValue = analogRead(A3); // 릴리패드 A3에 들어오는 아날로그 값 읽기
  Serial.println(sensorValue);          // 시리얼 포트로 값 출력하기
  delay(500);                            // 0.5초 동안 기다림
}
```

시리얼 모니터에 출력되는 조도값을 확인한다. 빛 센서를 가려서 어둡게 할 때와 가리지 않아 밝을 때 조도의 경곗값을 알아보고, 두 값의 평균값을 구해서 LED를 제어한다.

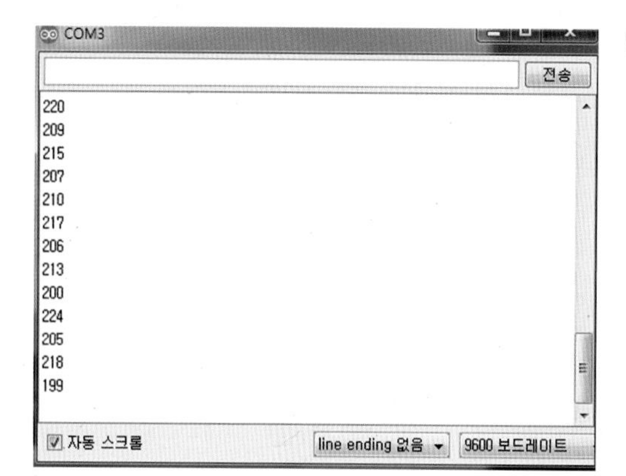

빛 센서에 입력된 조도값을 표시하는 시리얼 모니터 화면

빛 센서를 가려서 어둡게 할 때와 가리지 않아 밝을 때의 조도값을 알아보고, 평균값을 구해서 LED를 제어한다.

```
void setup() {
  Serial.begin(9600);        // 시리얼 통신 속도를 9600으로 맞추기
  pinMode(5, OUTPUT);   // 5번 핀에 LED를 연결하여 출력으로 설정
  pinMode(11, OUTPUT);  // 11번 핀에 LED를 연결하여 출력으로 설정
}
void loop() {
  int sensorValue = analogRead(A5); // 릴리패드 A5에 들어오는 아날로그 값 읽기
  Serial.println(sensorValue);            // 시리얼 포트로 값 출력하기
  if (sensorValue > 300) {                 // 정해진 임계값 이상이면
    digitalWrite(5, HIGH);                 // 5번에 연결된 LED 켜기
    digitalWrite(11, HIGH);                // 11번에 연결된 LED 켜기
  }
  else {                                          // 그 외의 임계값에 대해
    digitalWrite(5, LOW);                  // 5번에 연결된 LED 끄기
    digitalWrite(11, LOW);                 // 11번에 연결된 LED 끄기
  }
}
```

제작 순서

1 릴리패드 심플 보드를 모자의 머리 중앙에 배치하여 봉제한다. 봉제 전, LED와 연결될 것을 고려하여 핀들의 방향을 결정한다.

릴리패드 보드 봉제하기

2 빛 센서를 모자의 앞쪽에 배치하여 릴리패드와 연결한다. 빛 센서의 (+)는 릴리패드의 전원 (+) 핀에, 빛 센서의 (-)는 릴리패드의 전원 (-) 핀에, 마지막으로 빛 센서의 (S)는 릴리패드의 a5핀에 연결한다.

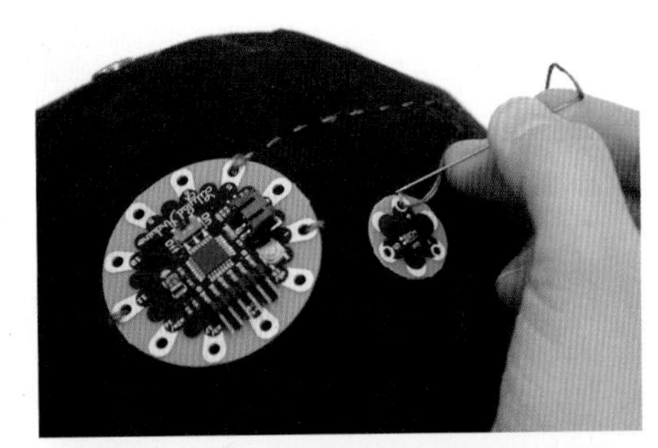

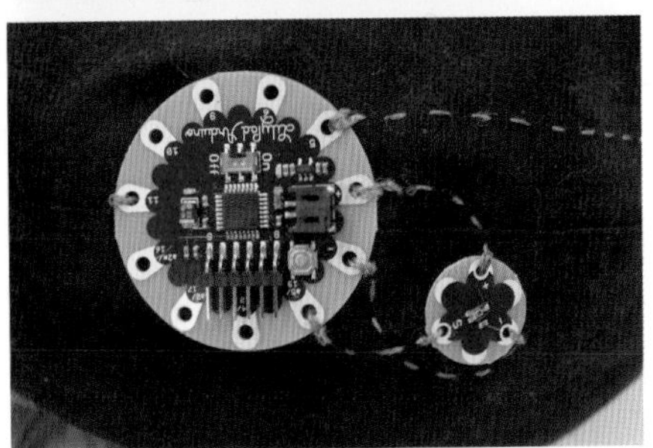

릴리패드 보드에 빛 센서 연결하기

3 디자인에서 기획한 대로 모자의 귀 부분에 LED를 병렬로 배치한 뒤 봉제한다. LED의 (+) 극은 각각 릴리패드의 5번과 11번 핀에 홈질로 연결해 주고, (-) 극은 릴리패드의 (-) 핀에 연결해 준다.

LED 배치하기

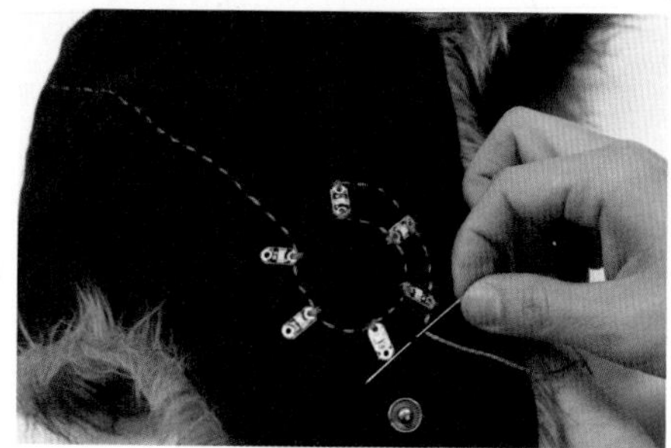

LED를 병렬로 연결하기

4 모자 안쪽에 코인셀 홀더를 배치한 뒤 릴리패드와 연결한다. 코인셀 홀더의 (+) 극은 릴리패드의 (+) 핀에, (-) 극은 릴리패드의 (-) 핀에 연결한다. (+)와 (-) 방향의 전도성 실이 서로 교차하지 않도록 주의하면서 봉제한다.

모자 안쪽에 코인셀 전지 홀더 부착하기

릴리패드에 코인셀 전지 홀더 연결하기

5 프로그래밍한 코드를 업로드하고, LED가 제대로 작동하는지 확인한다.

완성된 LED 모자

착장 모습

WORK 5

심장박동에 따라 깜박이는 헤어밴드

릴리패드와 심박센서를 활용하여 심장박동에 맞추어 LED가 깜박이는 헤어밴드를 제작한다. 심박센서에 입력되는 심장박동 수에 따라 LED의 깜박임이 조절되는데, 심장박동을 읽는 센서가 부착된 원형의 하트 모양 센서가 귓불이나 손가락 등의 피부와 닿아야 심장박동을 제대로 인지할 수 있다. 본 교재에서는 심박센서와 함께 제공되는 귀걸이 핀을 이용하여 심박센서가 심장박동 수를 읽도록 하였으나 센서의 위치는 원하는 디자인에 따라 변경이 가능하다.

재료

릴리패드 아두이노 심플 보드, FTDI 커넥터, 마이크로 USB 케이블, 리튬전지 1개, 릴리패드 LED Pink 5개, 심박센서(Pulse Sensor), 전도성 실, 바늘, 헤어밴드 또는 헤어밴드를 만들 재료 등

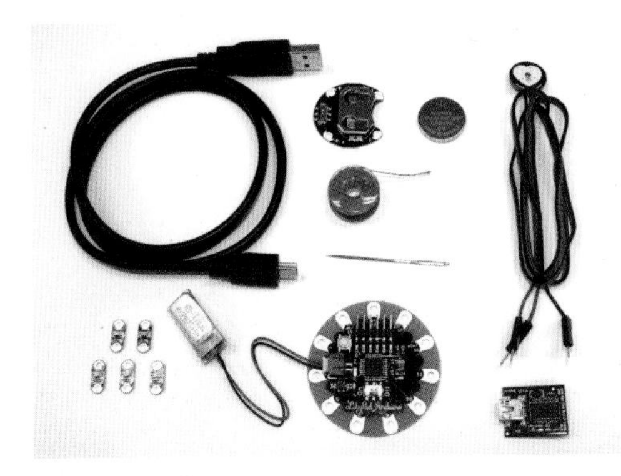

헤어밴드 제작을 위한 전자 부품

헤어밴드

디자인

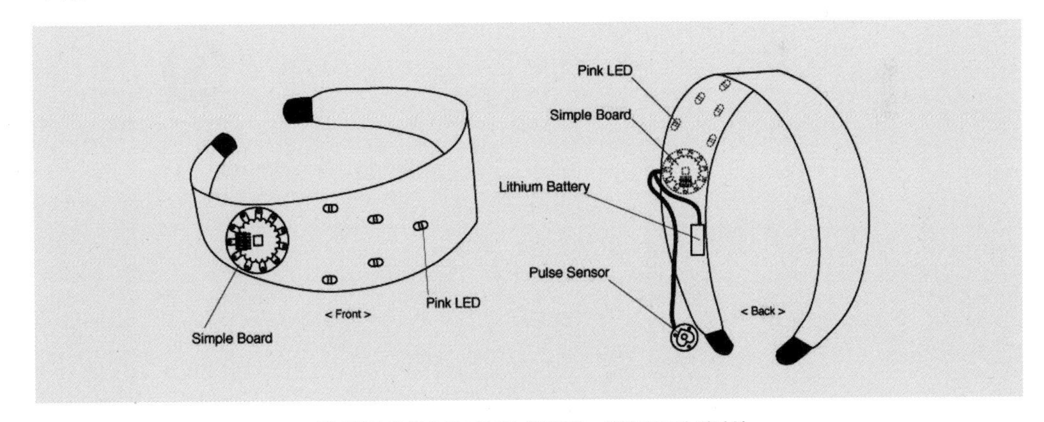

심장박동에 맞추어 LED가 깜박이는 헤어밴드의 디자인

회로 스케치

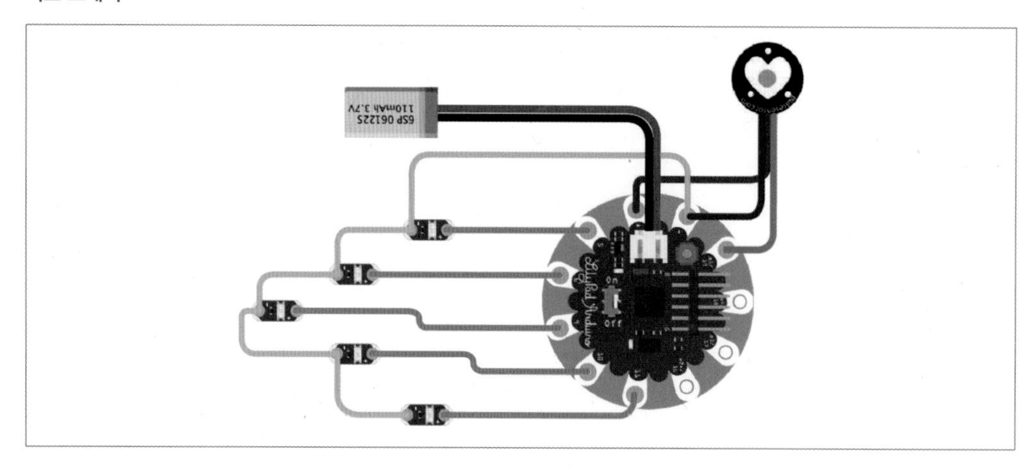

심장박동에 맞추어 LED를 깜박이는 헤어밴드의 회로 구성 이미지

코딩

심박센서를 사용하기 위한 코딩은 상당히 높은 프로그래밍 능력을 요구하므로, 심박센서를 활용하여 스마트 패션액세서리를 제작하기 위해서는 심박센서와 함께 제공되는 코드 튜토리얼을 참고하도록 한다.

① http:// pulsesensor.com/pages/code-and-guide 에서 심박센서 테스트를 위한 아두이노 코드를 다운로드한다.

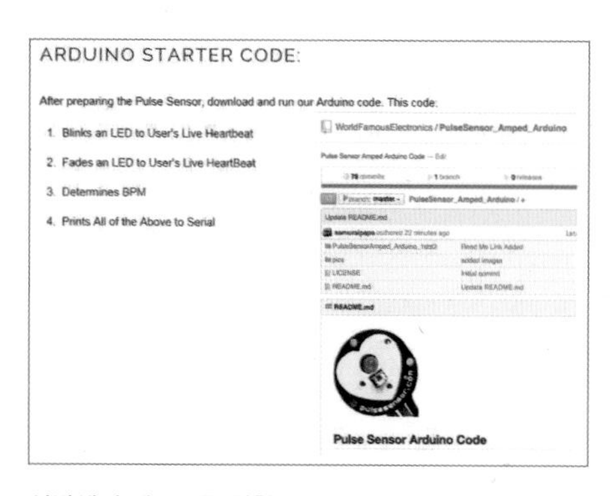

심박센서 테스트를 위한 아두이노 코드
자료: http:// pulsesensor.com/pages/code-and-guide

② PulseSensorAmped_Arduino_1dot4 폴더를 다운로드 받아 zip 파일을 풀고, Arduino(Documents/Arduino) 폴더로 이동시킨다.

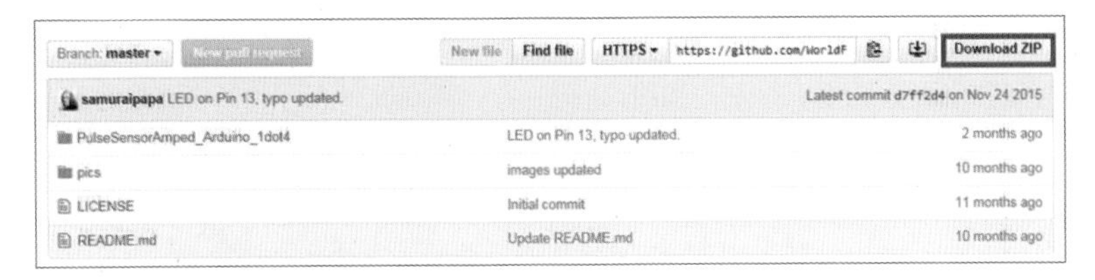

심박센서 스케치 파일 다운로드
자료: https:// github.com/WorldFamousElectronics/PulseSensor_Amped_Arduino

③ 아두이노 개발환경 메뉴에서 File 〉 Sketchbook 〉 PulseSensor_Arduino-Master 〉 PulseSensorAmped_Arduino_1dot.ino를 연다.

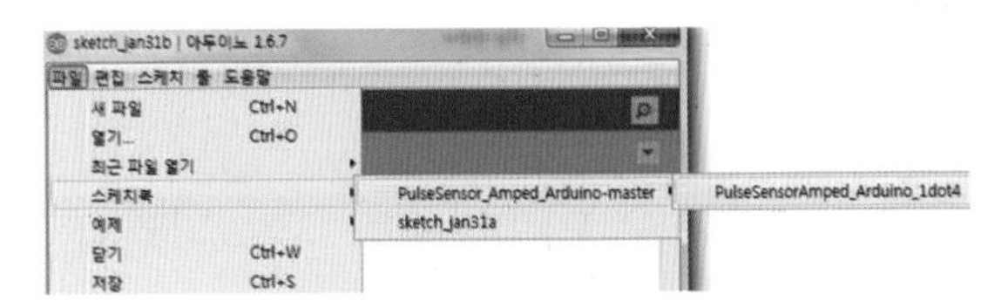

아두이노 IDE에서 심박센서 스케치 코드 불러오기

④ 심박센서 핀 번호를 5번(a5), LED 핀 번호를 5번으로 수정한다. 아래 [제작하기]와 같이 헤어밴드 제작이 완료되면 FTDI 커넥터에 USB 케이블로 연결하고, 수정된 스케치를 컴파일한 뒤 업로드하여 실행한다.

```
int pulsePin = 5;  // 심박센서의 보라색 와이어를 릴리패드의 A5번 핀에 연결
int blinkPin = 5;  // LED를 릴리패드 5번 핀에 연결
```

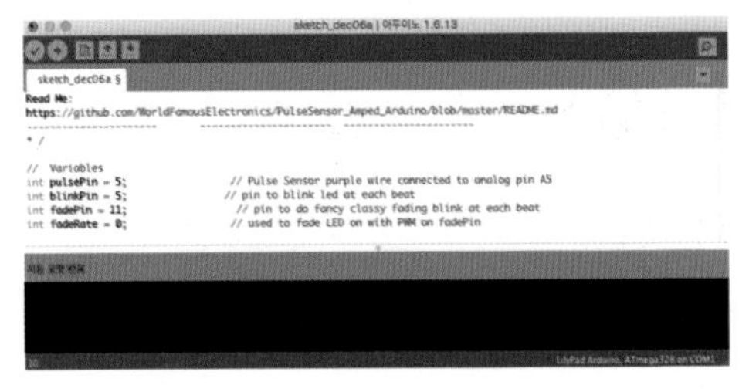

심박센서의 핀 번호와 LED 핀 번호 수정하기

제작 순서

1 헤어밴드를 준비해서 릴리패드 심플 보드를 헤어밴드의 한쪽 끝에 실리콘으로 부착한다. 릴리패드 보드를 부착하기 전에 LED와의 연결을 고려하여 핀들의 방향을 결정한다.

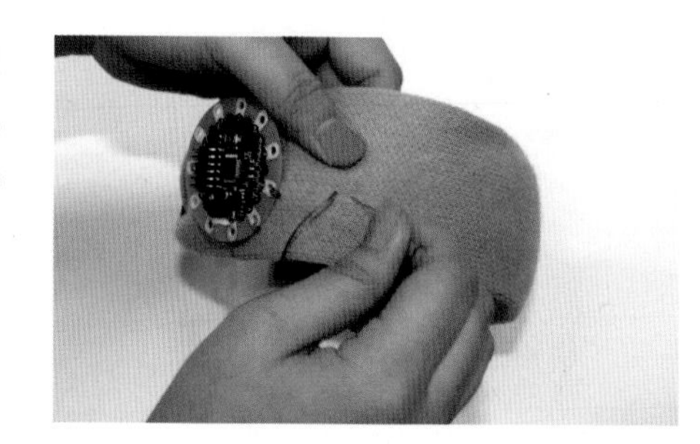

릴리패드 보드 봉제하기

2 5개의 Pink LED를 위의 그림과 같이 병렬 배치한 뒤 LED의 (+) 극은 릴리패드 심플 보드의 5번 핀에 홈질로 병렬 연결해 주고, (–) 극은 릴리패드 보드의 (–) 핀에 연결해 준다.

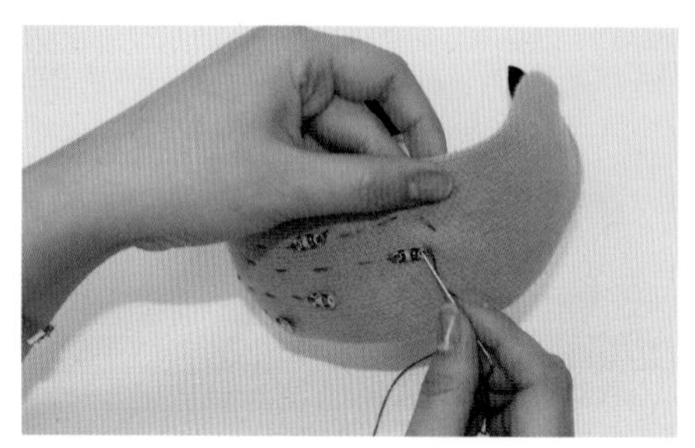

릴리패드와 LED 연결하기

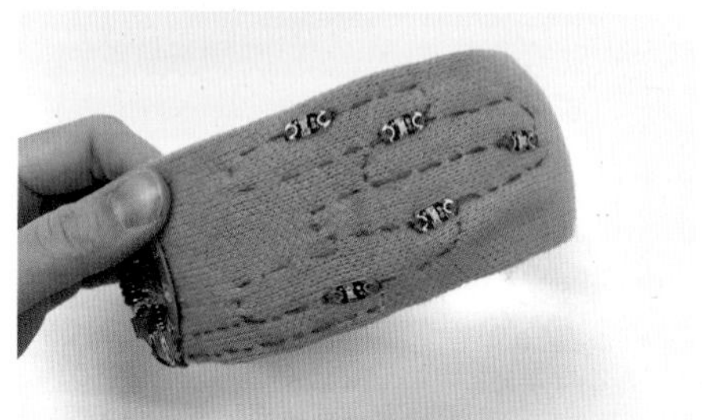

LED 연결하기

3 심박센서를 귀걸이 핀에 실리콘으로 부착하고, 센서에 연결되어 있는 3개의 전선을 길이에 맞게 절단하여 빨간색 전선은 릴리패드 보드의 (+) 핀에, 검은색 전선은 릴리패드 보드의 (–) 핀에, 마지막으로 보라색 전선은 릴리패드 보드의 a5 핀에 각각 연결한다. 전선은 헤어밴드 안쪽에 실리콘을 이용하여 접착하여 정리해 둔다.

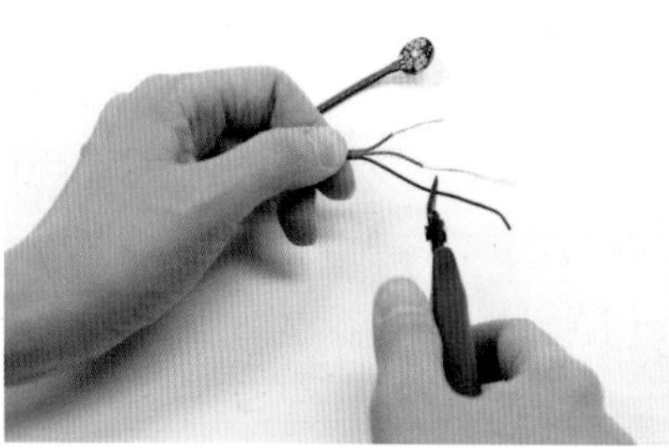

귀걸이 위치에 따른 심박센서 길이 맞추기

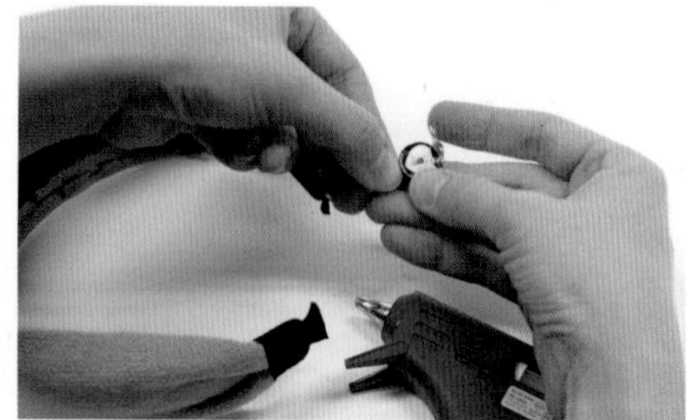

귀걸이 핀에 심박센서 부착하기

귀걸이 핀에 심박센서 부착 후 길이 확인하기

릴리패드 보드 핀에 전선 연결하기

4 리튬전지를 릴리패드 심플 보드의 JST 커넥터에 꽂아서 연결하고 헤어밴드 안쪽에 정리해 둔다.

리튬전지 연결하기

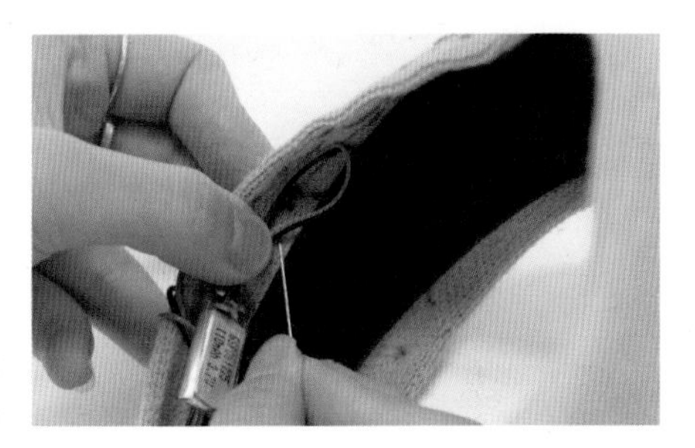

리튬전지 안쪽에 정리하기

5 프로그래밍한 코드를 업로드하고, LED가 제대로 작동하는지 확인한다.

완성된 헤어밴드의 모습

WORK 6

천천히 걸어봐요 –
속도를 감지해 메시지를 보여주는 신발

릴리패드와 가속도 센서를 활용한 디자인으로, 인체의 움직임을 감지하기 쉬운 발에 센서를 부착한 신발 디자인이다. 사람이 걷는 속도를 인지하여 걸음걸이가 빨라지면 SLOW 메시지를 보여줌으로써 바쁜 현대인의 삶에 여유의 필요성을 인식시켜 주는 신발을 제작하고자 하였다.

재료

릴리패드 아두이노 심플 보드, FTDI 커넥터, 마이크로 USB 케이블, 코인셀 홀더/코인셀 전지, LED 7개, 가속도 센서 1개, 전도성 실, 바늘, 신발, 커터 칼, 아크릴 판 등

SLOW 표시 신발 제작을 위한 전자 부품

디자인

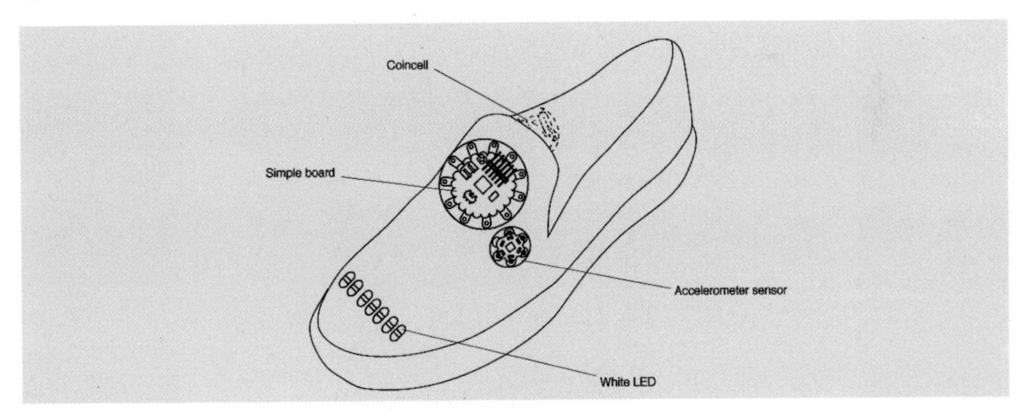

SLOW 표시 신발을 위한 디자인

회로 스케치

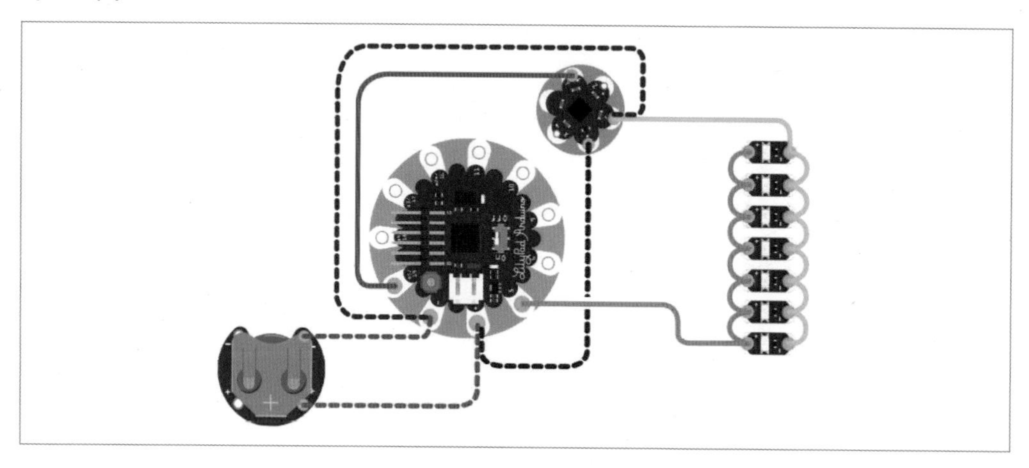

SLOW 표시 신발을 위한 회로 구성 이미지

코딩

먼저 가속도 센서에서 움직임에 따라 변하는 Y축의 값을 받아보자. 가속도 센서, 릴리패드 보드 그리고 컴퓨터를 연결한다. 가속도 센서의 (+)는 릴리패드의 (+)에, (−)는 (−)에 그리고 가속도 센서의 Y축은 릴리패드의 a5 핀에 연결한다.

```
int y;                        // y값을 출력할 정수형 변수 선언
void setup() {
  Serial.begin(9600);     // 시리얼 통신 속도를 9600으로 맞추기
}
void loop() {
  y = analogRead(5);    // A5 핀으로 입력된 아날로그 값을 y값으로 읽음
  Serial.println(Y: );    // 시리얼 모니터에 Y: 표시
  Serial.println(y, DEC);  // Y축 가속도 값을 십진수로 표시하기
  delay(200);                // 0.2초 기다림
}
```

시리얼 모니터에 출력되는 Y축의 값을 확인한다. Y축 값의 임계값을 설정한 뒤 설정된 값 이상의 속도를 낼 때 LED가 켜지도록 다음과 같이 스케치를 작성한다.

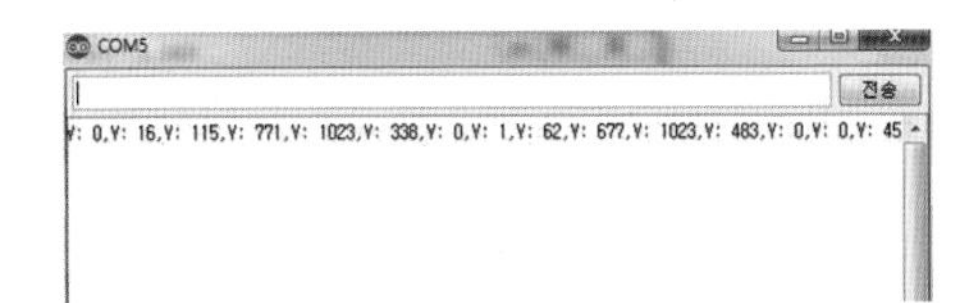

시리얼 모니터에 출력된 가속도 값

```
int y;                          // y값을 출력할 정수형 변수 선언
void setup() {
  Serial.begin(9600);           // 시리얼 통신 속도를 9600으로 맞추기
  pinMode(5, OUTPUT);           // 5번 핀에 LED를 연결하여 출력으로 설정
}
void loop() {
  y = analogRead(5);            // A5 핀으로 입력된 아날로그 값을 y값으로 읽음
  Serial.println(Y: );          // 시리얼 모니터에 Y: 표시
  Serial.println(y, DEC);       // Y축 가속도 값을 십진수로 표시하기
  if (y > 500){                 // LED가 켜지는 가속도 임계값 설정
    digitalWrite(5, HIGH);      // 5번 핀에 연결된 LED 켜기
  }
  else {                        // 그 외의 임계값에 대해
    digitalWrite(5, LOW);       // 5번 핀에 연결된 LED 끄기
  }
  delay(200);                   // 0.2초 기다림
}
```

(참고: 임계값이 너무 낮으면 LED가 항상 켜져 있으므로, 가속도 센서의 움직임에 따라 시리얼 모니터에 나타나는 y값을 보고 LED가 켜지는 임계값을 정한다.)

제작 순서

1 릴리패드 아두이노 심플 보드를 다음 그림과 같이 신발 등 쪽에 부착한다.

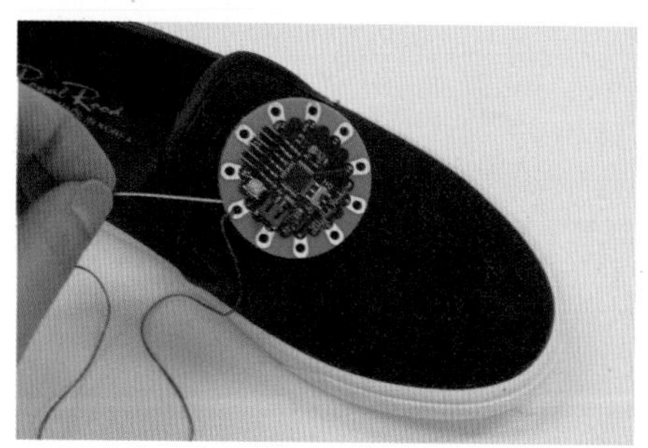

릴리패드 보드 봉제하기

2 가속도 센서를 배치하고 부착한 뒤 릴리패드와 연결한다. 가속도 센서의 (+)는 릴리패드의 (+)에 연결, 가속도 센서의 (-)는 릴리패드의 (-)에 연결한다. 그리고 가속도 센서의 Y축은 회로에서 보는 바와 같이 릴리패드의 a5 핀에 각각 연결해 준다.

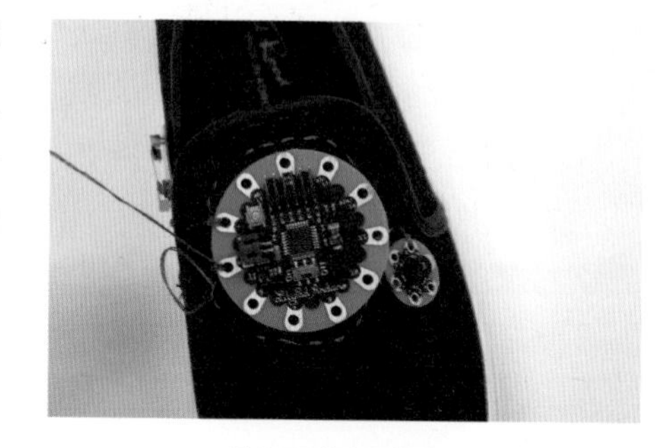

가속도 센서 연결하기

가속도 센서가 신발에 부착된 모습

3 LED 7개를 신발 앞쪽에 병렬 연결하여 LED의 (+) 극은 릴리패드의 5번 핀에 연결한다.

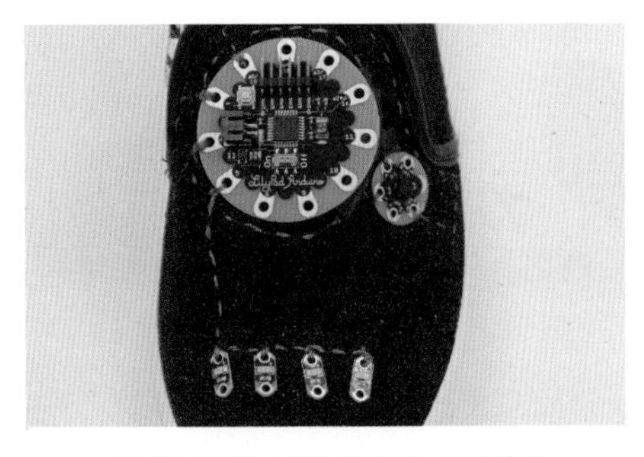

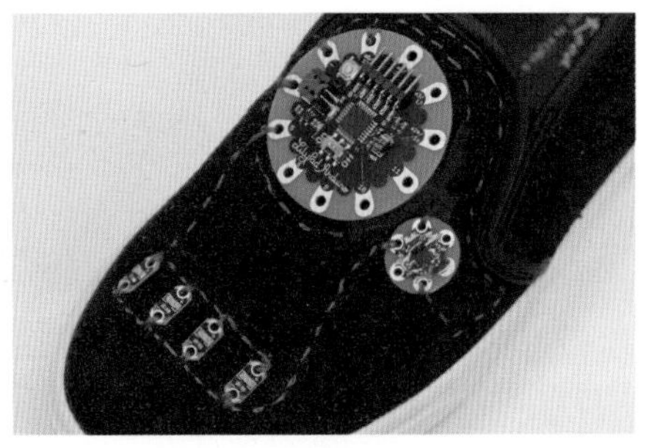

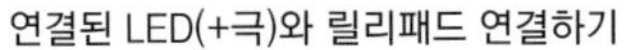

연결된 LED(+극)와 릴리패드 연결하기

LED 끼리 병렬로 연결하기

4 반투명 아크릴 판을 이용하여 SLOW 패널을 만들어 봉제된 LED 위에 부착한다.

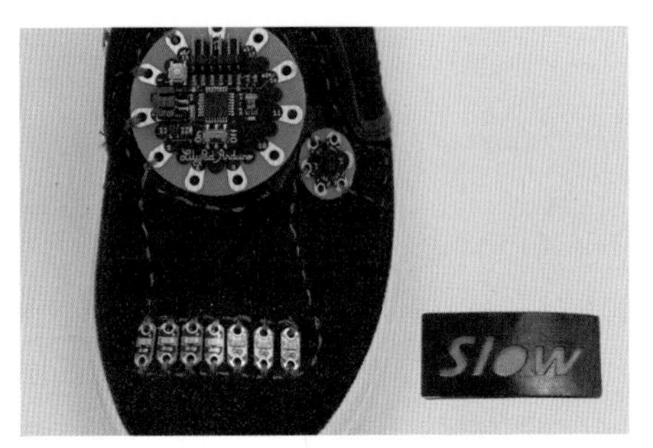

SLOW 아크릴 판의 부착 위치 확인

SLOW 패널 부착하기

5 그림과 같이 코인셀 홀더를 배치하고 코인셀의 (+) 극은 릴리패드의 (+) 핀에, 코인셀의 (-) 극은 릴리패드의 (-) 핀에 연결한다.

코인셀 전지 홀더 연결하기

신발 구조에 따른 연결선의 배치

6 프로그래밍한 코드를 업로드하고, 움직임에 따라 LED가 제대로 작동하는지 확인한다.

완성된 SLOW 표시 신발

움직임에 따라 LED 불이 켜진 모습

WORK 7

스마트 뮤직 플레이어 장갑

푸시 버튼과 릴리패드 버저를 활용하여 손가락으로 음악을 연주할 수 있는 뮤직 플레이어 장갑을 제작한다. 장갑을 끼고 오른손의 다섯 손가락을 이용하여 동요 '학교종'을 연주할 수 있도록 릴리패드 부품들을 연결하였다. 엄지손가락에서 새끼손가락까지 '도, 레, 미, 솔, 라' 음을 연주하게 하는 푸시 버튼을 각 손가락 끝에 부착하고, 릴리패드 보드와 버저에 연결한다.

재료

릴리패드 아두이노 메인 보드, FTDI 커넥터, 마이크로 USB 케이블, 코인셀 홀더/코인셀 전지, 릴리패드 버저 모듈, 푸시 버튼 5개, 전도성 실, 바늘, 장갑 등

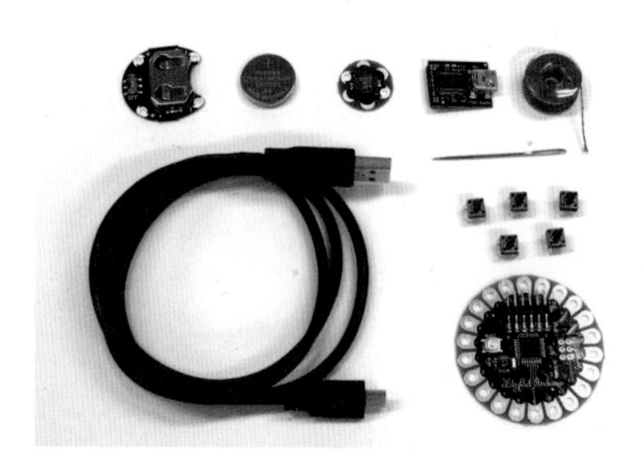

뮤직 플레이어 장갑 제작을 위한 전자 부품

장갑 또는 장갑을 만들 재료

디자인

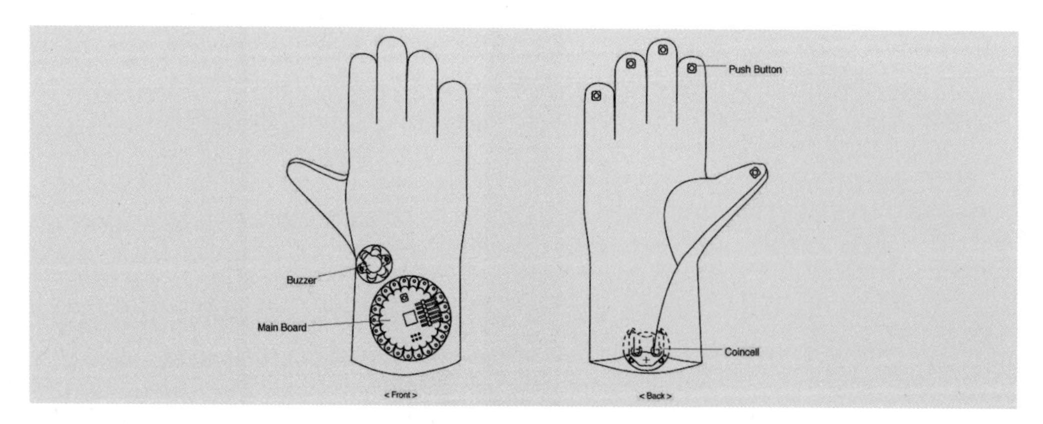

뮤직 플레이어 장갑의 디자인

회로 스케치

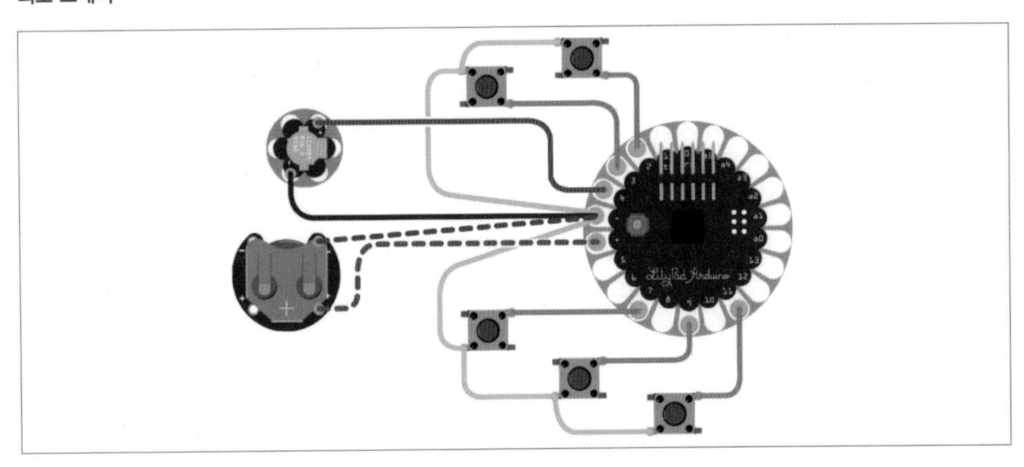

장갑 회로 구성 이미지

코딩

음계로 인지되는 버저의 주파수를 코드로 이용해 음악을 만들어 본다.

```
int buzzerPin = 4;                  // 버저를 4번 핀으로 선언
int switchPin1 = 8;                 // 첫 번째(엄지)의 버튼을 8번 핀으로 선언
int switchPin2 = 9;                 // 두 번째(검지)의 버튼을 9번 핀으로 선언
int switchPin3 = 11;                // 세 번째(중지)의 버튼을 11번 핀으로 선언
int switchPin4 = 3;                 // 네 번째(약지)의 버튼을 3번 핀으로 선언
int switchPin5 = 2;                 // 다섯 번째(애지)의 버튼을 2번 핀으로 선언

void setup() {
  pinMode(buzzerPin, OUTPUT);   // 버저를 출력으로 설정
  pinMode(switchPin1, INPUT);   // 첫 번째 버튼을 입력으로 설정
  pinMode(switchPin2, INPUT);   // 두 번째 버튼을 입력으로 설정
  pinMode(switchPin3, INPUT);   // 세 번째 버튼을 입력으로 설정
  pinMode(switchPin4, INPUT);   // 네 번째 버튼을 입력으로 설정
  pinMode(switchPin5, INPUT);   // 다섯 번째 버튼을 입력으로 설정
```

```
  digitalWrite(switchPin1, HIGH);          // 첫 번째 버튼을 연결되지 않은 상태로 설정
  digitalWrite(switchPin2, HIGH);          // 두 번째 버튼을 연결되지 않은 상태로 설정
  digitalWrite(switchPin3, HIGH);          // 세 번째 버튼을 연결되지 않은 상태로 설정
  digitalWrite(switchPin4, HIGH);          // 네 번째 버튼을 연결되지 않은 상태로 설정
  digitalWrite(switchPin5, HIGH);          // 다섯 번째 버튼을 연결되지 않은 상태로 설정
}

void loop() {
  if (digitalRead(switchPin1) == LOW) {  // 첫 번째 버튼이 눌리면
    tone(4, 1047, 1000);                 // 1047 주파수인 '도' 음을 1초간 냄
    delay(200);                          // 0.2초간 기다림
  }
  if (digitalRead(switchPin2) == LOW) {  // 두 번째 버튼이 눌리면
    tone(4, 1175, 1000);                 // 1175 주파수인 '레' 음을 1초간 냄
    delay(200);                          // 0.2초간 기다림
}
  if (digitalRead(switchPin3) == LOW) {  // 세 번째 버튼이 눌리면
    tone(4, 1319, 1000);                 // 1319 주파수인 '미' 음을 1초간 냄
    delay(200);                          // 0.2초간 기다림
  }
  if (digitalRead(switchPin4) == LOW) {  // 네 번째 버튼이 눌리면
    tone(4, 1568, 1000);                 // 1568 주파수인 '미' 음을 1초간 냄
    delay(200);                          // 0.2초간 기다림
  }
  if (digitalRead(switchPin5) == LOW) {  // 다섯 번째 버튼이 눌리면
    tone(4, 1760, 1000);                 // 1760 주파수인 '미' 음을 1초간 냄
    delay(200);                          // 0.2초간 기다림
  }
  else {                                 // 그 외의 경우
    noTone(buzzerPin);                   // 소리를 내지 않음
  }
}
```

표5 '학교종'에 사용된 음계별 주파수

음계	주파수(Hz)
도(C6)	1047
도#(C#6/Db6)	1108
레(D6)	1175
레#(D#6/Eb6)	1245
미(E6)	1319
파(F6)	1397
파#(F#6/Gb6)	1480
솔(G6)	1568
솔#(G#6/Ab6)	1661
라(A4)	1760
라#(A#6/Bb6)	1865
시(B6)	1976

제작 순서

1 릴리패드 아두이노 메인 보드를 다음 그림과 같이 장갑의 손등 쪽에 배치하고 봉제한다. 봉제하기 전, 푸시 버튼과의 연결을 고려하여, 릴리패드 보드의 핀 방향을 결정한다.

작업할 장갑 선정하기

릴리패드 보드 봉제하기

2 릴리패드 버저 모듈을 배치하고 버저 모듈의 (+)는 릴리패드의 4번 핀에 연결, 버저 모듈의 (-)는 릴리패드의 (-)에 연결한다.

버저 모듈(-극) 연결하기

버저 모듈과 릴리패드 연결하기

3 소형 푸시 버튼을 손가락 끝 쪽에 그림과 같이 배치하고 푸시 버튼의 한쪽 핀을 (+)로 여기고 각각 릴리패드의 핀에 연결한다. 즉 첫 번째, 두 번째 그리고 세 번째 손가락의 푸시 버튼의 (+) 핀은 릴리패드의 8번, 9번, 11번 핀에 각각 연결하고, 네 번째, 다섯 번째 손가락의 푸시 버튼의 (+) 핀은 릴리패드의 3번, 2번 핀에 각각 연결한다. 푸시 버튼의 반대쪽 핀은 (-)로 모두 장갑의 손등 쪽으로 모아 릴리패드의 (-) 핀에 연결한다.

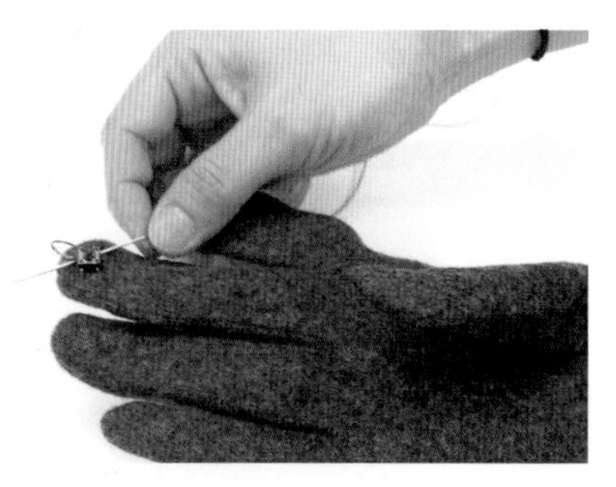

소형 푸시 버튼 달기

푸시 버튼 연결하기(손등)

푸시 버튼 연결하기(손바닥)

4 그림과 같이 장갑 안쪽에 코인셀 전지 홀더를 배치하고 코인셀의 (+) 극은 릴리패드의 (+) 핀에, 코인셀의 (-) 극은 릴리패드의 (-) 핀에 연결한다. 이때 위쪽의 (+), (-) 방향의 봉제선과 잘못 만나지 않도록 주의하여 봉제한다.

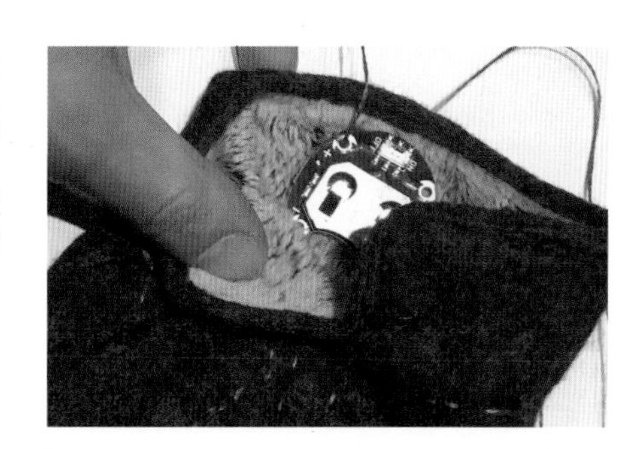

장갑 안쪽에 코인셀 전지 홀더 봉제 후 연결하기

5 프로그래밍한 코드를 업로드하고, 움직임이 제대로 작동하는지 확인한다.

완성된 뮤직 플레이어 장갑

착장 후 연주하는 모습

WORK 8

© 이강경

안전을 지켜주는 자전거 라이더용 무지갯빛 크로스백

자전거를 타는 인구의 증가로 안전사고의 발생 빈도도 높아졌다. 뒤에서, 그리고 멀리서도 자전거 라이더를 인식할 수 있다면, 더 안전한 주행이 될 것이다. 이 디자인은 기존의 힙색과 달리 빛을 잘 투과시키는 고무 재질을 이용해 가방 전체의 형태가 은은하게 빛나도록 했다. 야간 주행 라이더를 위해 작지만 패셔너블한 힙색을 디자인하고자 한다.

재료

릴리패드 아두이노 심플 보드, FTDI 커넥터, 마이크로 USB 케이블, 리튬전지 1개, LED Rainbow Stick 1개, 크로스백 제작을 위한 반투명 고무 원단 및 자석 등

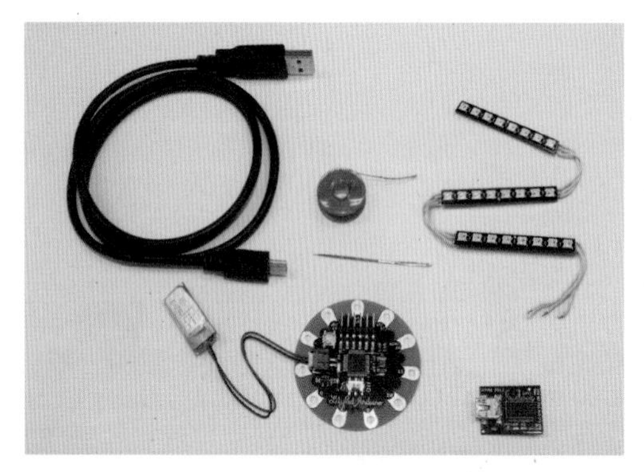

크로스백 제작을 위한 전자 부품

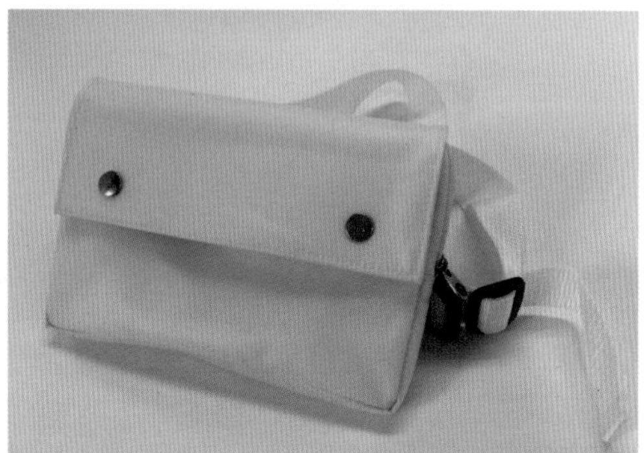

크로스백의 기본 형태

디자인

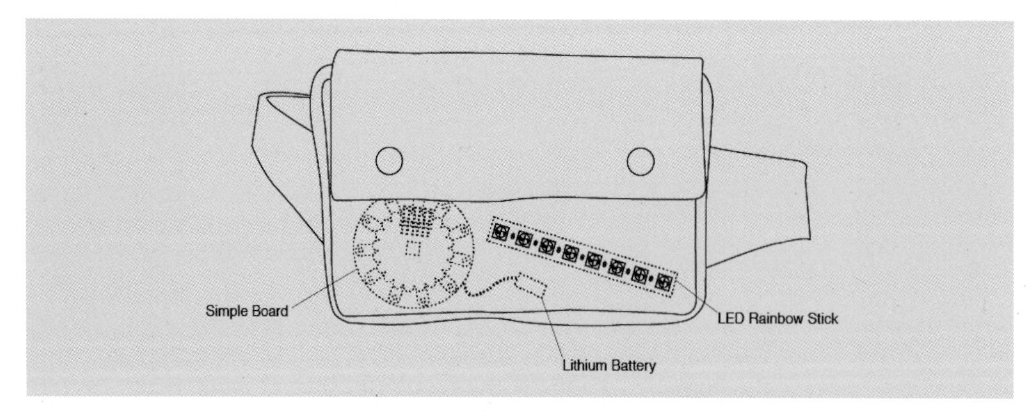

자전거 라이더의 안전을 위해 무지갯빛을 밝히는 크로스백의 디자인

회로 스케치

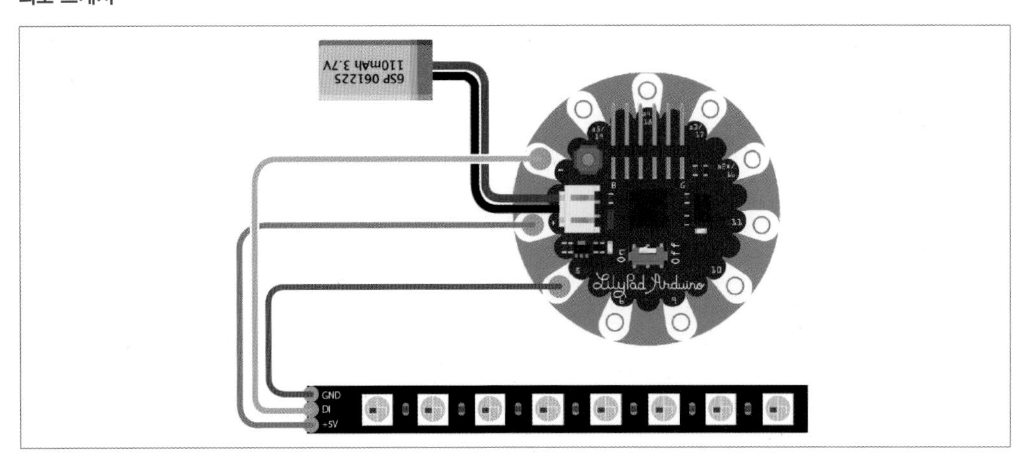

자전거 라이더의 안전을 위해 무지갯빛을 밝히는 크로스백의 회로 구성 이미지

코딩

다음 코드를 아두이노 스케치에 입력하고 컴파일한 뒤, 업로드하여 실행시킨다. LED가 제대로 작동되는지 확인한다.

```
#include <NS_Rainbow.h>

#define PIN 9
#define N_CELL 8

// Parameter 1 = LED 개수(최대 512개 가능)
// Parameter 2 = 아두이노 핀의 개수(9개)
// NS_Rainbow ns_stick = NS_Rainbow(N_CELL);
NS_Rainbow ns_stick = NS_Rainbow(N_CELL,PIN);

void setup() {
 delay(100);
 ns_stick.begin();
 //ns_stick.setBrightness(128); // 밝기 범위 0 ~ 255, 255로 기본 설정
}
```

```
void loop() {
 unsigned int t = 500; // t는 기다리는 시간 = 0.5초

 ns_stick.setColor(0, 255, 0, 0); // 빨강
 ns_stick.show();
 delay(t);
 ns_stick.setColor(0, 0, 0, 0); // 검정
 ns_stick.setColor(1, 162, 93, 0); // LED의 RGB 색상 값
 ns_stick.show();
 delay(t);
 ns_stick.setColor(1, 0, 0, 0); // 검정
 ns_stick.setColor(2, 66, 189, 0); // LED의 RGB 색상 값
 ns_stick.show();
 delay(t);
 ns_stick.setColor(2, 0, 0, 0); // 검정
 ns_stick.setColor(3, 0, 255, 30); // LED의 RGB 색상 값
 ns_stick.show();
 delay(t);
 ns_stick.setColor(3, 0, 0, 0); // 검정
 ns_stick.setColor(4, 0, 129, 126); // LED의 RGB 색상 값
 ns_stick.show();
 delay(t);
 ns_stick.setColor(4, 0, 0, 0); // 검정
 ns_stick.setColor(5, 0, 33, 222); // LED의 RGB 색상 값
 ns_stick.show();
 delay(t);
 ns_stick.setColor(5, 0, 0, 0); // 검정
 ns_stick.setColor(6, 63, 0, 192); // LED의 RGB 색상 값
 ns_stick.show();
 delay(t);
 ns_stick.setColor(6, 0, 0, 0); // 검정
 ns_stick.setColor(7, 159, 0, 96); // LED의 RGB 색상 값
 ns_stick.show();
 delay(t); ns_stick.setColor(7, 0, 0, 0); // 검정
```

```
 ns_stick.show();
 delay(t);

 for(int i=0; i<2; I++) {
  rainbow(30); // 간격 0.03초
}

 ns_stick.clear();
 ns_stick.show();
 delay(t);
}

void rainbow(uint16_t interval) {
 uint16_t n = ns_stick.numCells();

 for(uint16_t j=0; j<255; j++){ // 반복 주기
  for(uint16_t i=0; i<n; I++) {
   byte r_pos = (((i<<8) - I) / n + j) % 0xFF;
   byte sect = (r_pos / 0x55) % 0x03, pos = (r_pos % 0x55) * 0x03;

   switch(sect) {
   case 0:
    ns_stick.setColor(i,ns_stick.RGBtoColor(0xFF - pos, pos, 0x00)); break;
   case 1:
    ns_stick.setColor(i,ns_stick.RGBtoColor(0x00, 0xFF - pos, pos)); break;
   case 2:
    ns_stick.setColor(i,ns_stick.RGBtoColor(pos, 0x00, 0xFF - pos)); break;
   }
  }
  ns_stick.show();
  delay(interval);
 }
}
```

제작 순서

1 반투명 고무재질의 소재를 이용해 가방을 제작한다. 가방 디자인 시 릴리패드 아두이노 보드와 배터리, 막대형 LED를 따로 넣을 수 있는 내부 공간을 설계한다. 지퍼 여밈을 이용한 별도 공간을 설계하면 배터리 교체 및 부품 교체 등이 용이하며, 보드와 배터리가 노출되지 않아 가방 공간을 활용하기 쉽다.

가방 준비하기

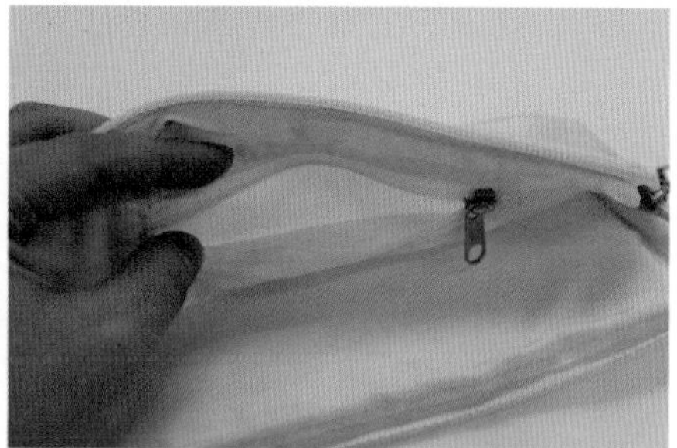
별도 공간 설계하기

2 가방 속에 LED 막대를 배치해 보면서 사용할 LED의 개수와 위치를 조정한다. 가방의 폭과 높이에 따라 개수는 조정 가능하다.

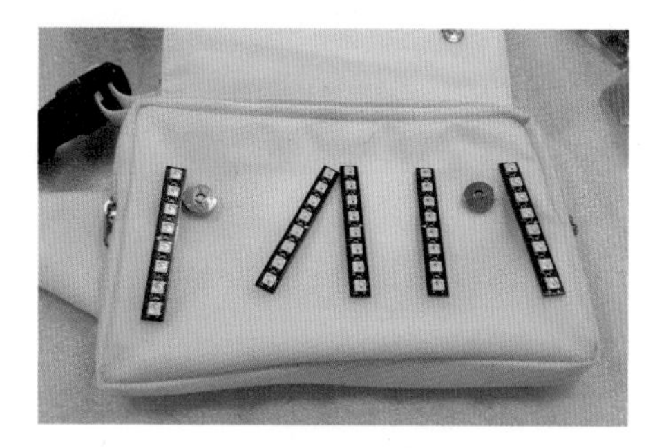
LED 배치하기

3 릴리패드 아두이노와 막대형 LED를 악어 케이블로 연결해 코딩이 제대로 업로드 되었는지 체크한다. 릴리패드 전용 LED나 범용적 LED가 아닌 경우, 릴리패드와 호환이 되지 않을 수 있으므로 반드시 악어 케이블을 이용해 작동 여부와 코드 인식 여부를 확인하는 작업이 필요하다.

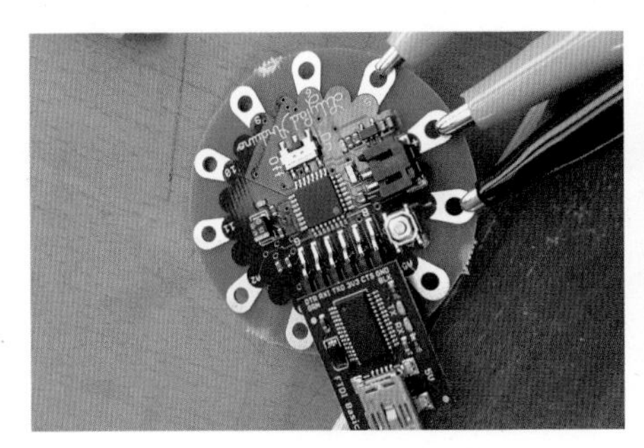

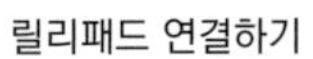

릴리패드 연결하기

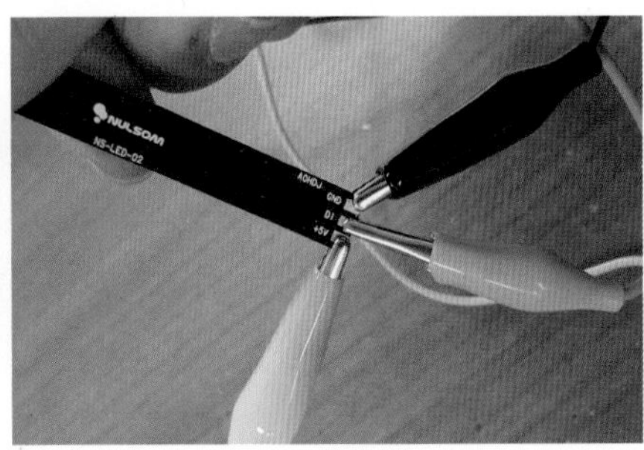

LED 연결하기

4 LED 동작 여부와 LED 색의 전환 등이 자연스럽게 연출되는지 확인한 후 전선을 연결한다. 본 디자인은 반투명 소재를 이용해 은은한 LED 빛을 연출하고자 고무 소재를 사용했기 때문에 전도성 실을 이용한 봉제 대신 전선을 이용해 납땜하였다. 납땜을 하는 경우 전도성 실을 이용한 봉제와 달리 반복적인 수정 작업이 어렵고, 납땜을 떼거나 제거하는 과정 중에 보드가 손상될 수 있으므로 신중하게 작업해야 한다. 납땜이 핀 외에 다른 곳에 묻지 않도록 주의한다.

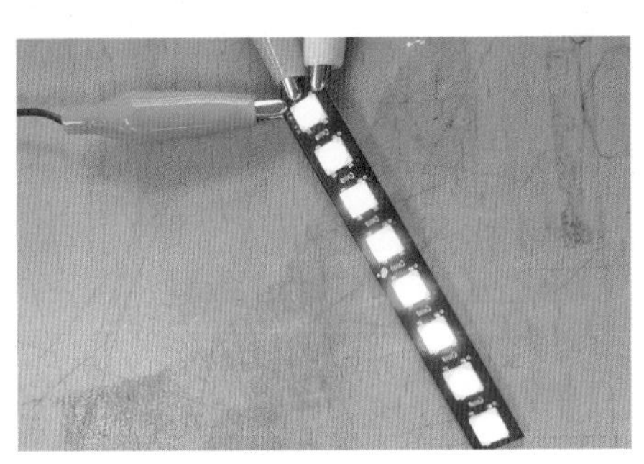

LED 라이트 확인하기

릴리패드 납땜하기

5 납땜이 완료된 릴리패드 아두이노 보드와 막대형 LED를 반투명 소재의 힙색 내부에 넣고 밝기와 비치는 효과를 체크한다. 이때 막대형 LED의 위치를 조정해 빛의 분포를 적절하게 한다.

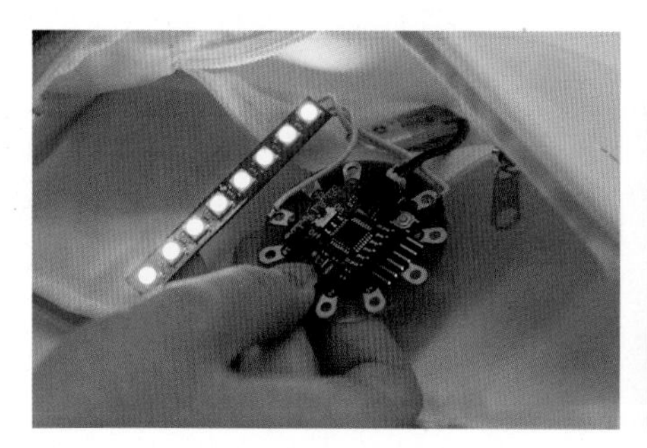

보드와 LED를 가방에 넣기

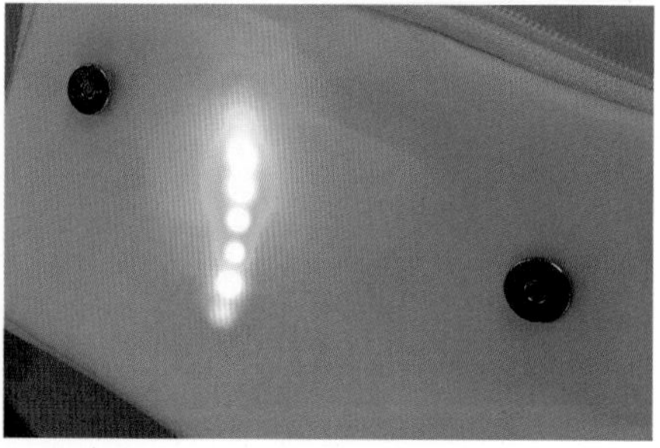

LED 라이트 확인하기

6 릴리패드 아두이노 보드와 LED, 배터리 등이 움직이지 않도록 포켓 안쪽에 고정한다. 세탁 시 쉽게 보드를 꺼내거나 분리하기 위해서 부품을 가방에 직접 부착하지 않고 펠트나 심지에 따로 부착해 포켓에 넣는 방법을 사용한다.

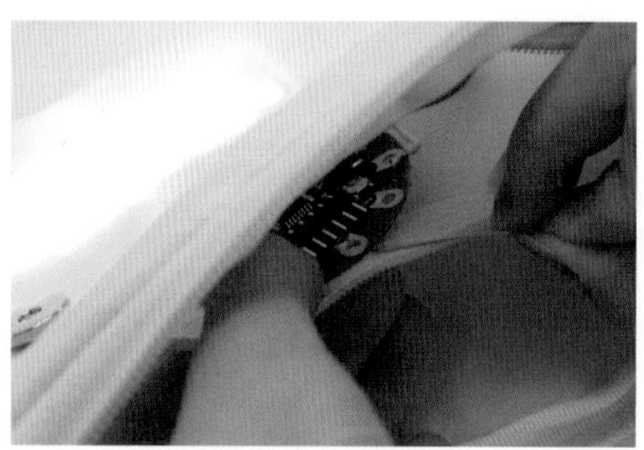

포켓 안쪽 보드의 위치 확인하기

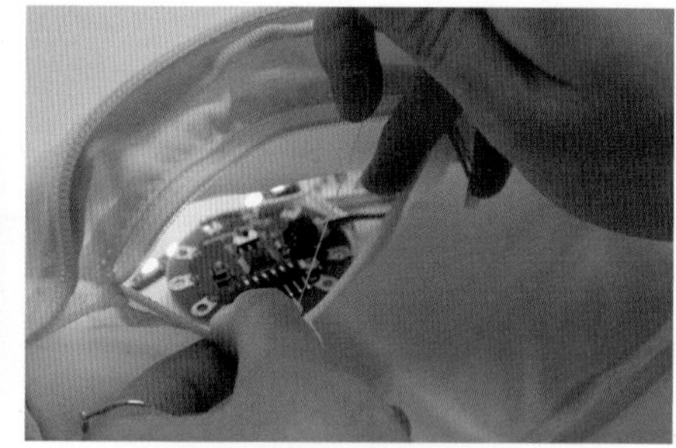

포켓 안쪽에 고정 봉제하기

7 마지막으로 완성된 힙색의 LED 동작을 체크한다.

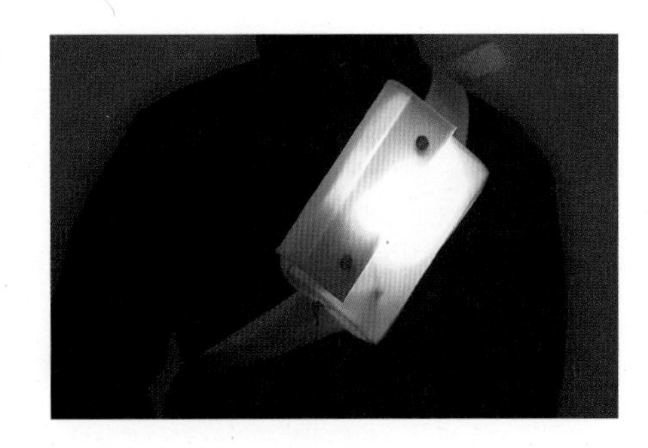

착장 모습

WORK 9

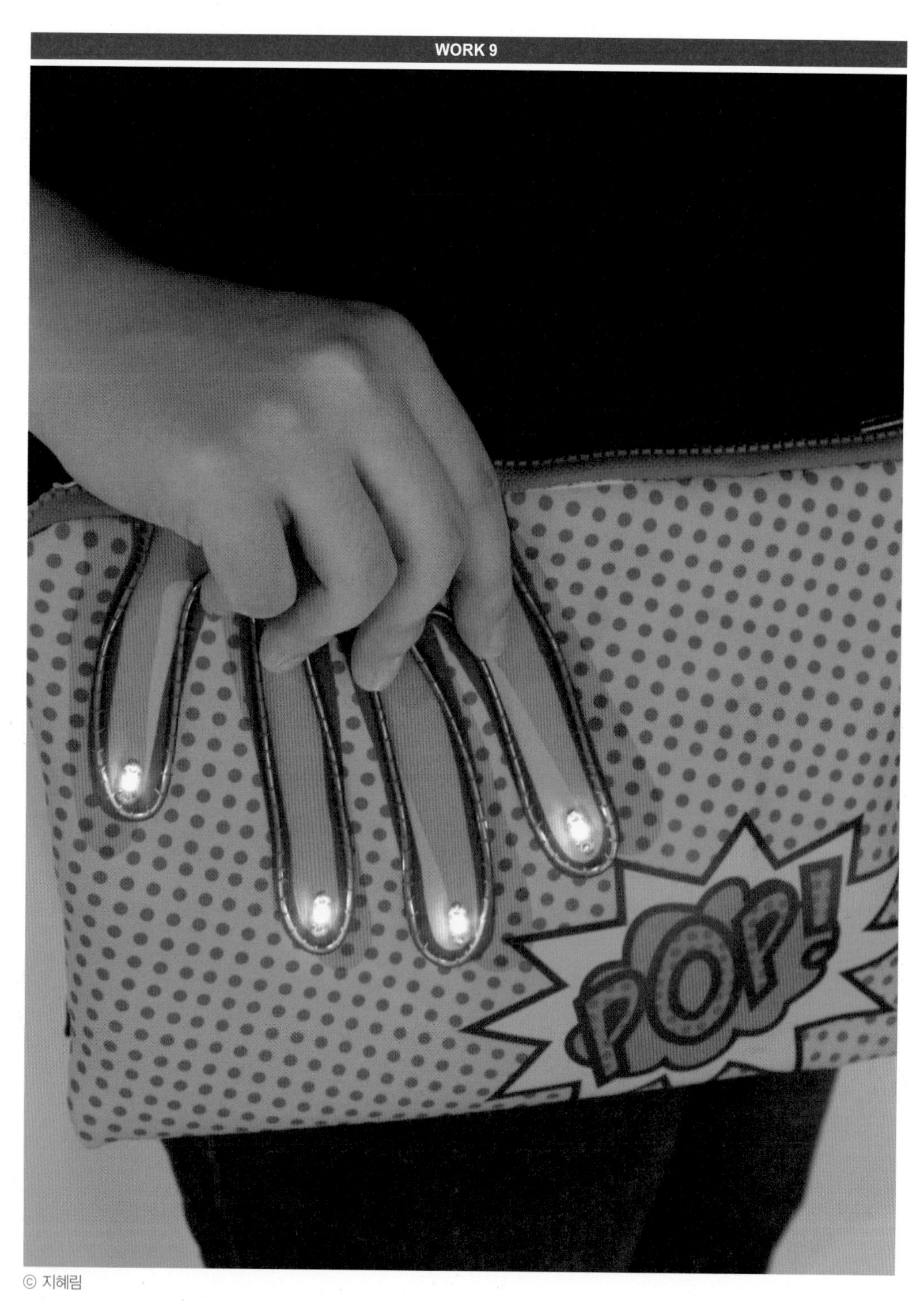

© 지혜림

팝팝팝, 나처럼 톡톡 튀는 클러치 백

릴리패드와 빛 센서를 활용하여, 평상시에는 LED가 꺼져 있다가, 사용자가 클러치 백을 잡으면서 빛 센서를 가리고 이와 동시에 LED가 켜지는 스마트 패션 클러치 백을 제작하고자 한다. 또한 유기 EL와이어를 이용해 빛을 이용한 색감을 강조함으로써, 개성 넘치는 독특한 패션 아이템을 디자인하였다.

재료

릴리패드 아두이노 심플 보드, FTDI 커넥터, 마이크로 USB 케이블, 코인셀 홀더/코인셀 전지, 릴리패드 LED White 4개, 릴리패드 빛 센서, 유기 EL와이어[1] Blue 1미터, EL와이어용 Inverter, 전도성 실, 바늘, 디지털 프린팅 된 네오프렌 원단 및 지퍼 등 부자재

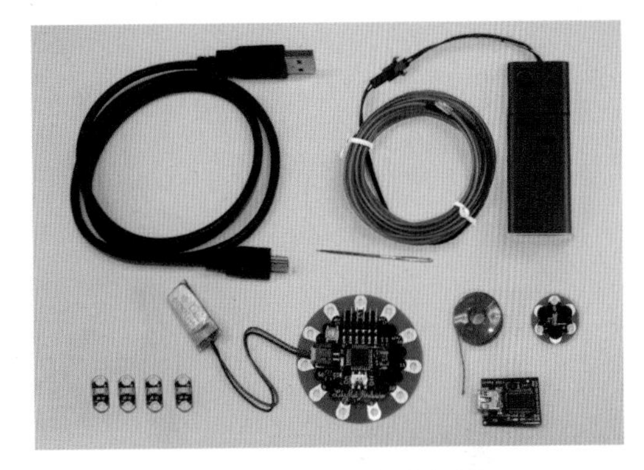

클러치 백 제작을 위한 전자 부품

1) 유기 EL(Organic Electro Luminescence) 와이어는 전기가 흐르면 스스로 발광하는 유기물을 지칭하며 와이어 형태, 테이프 형태, 원단 형태, 디스플레이 형태 등이 있다. 유기 EL와이어는 원하는 길이 만큼 잘라 손쉽게 빛을 이용한 디자인물 제작에 활용될 수 있다. 다만, 전용 인버터를 사용해야 하는데 인버터에는 온오프용 스위치가 달려있다.

디자인

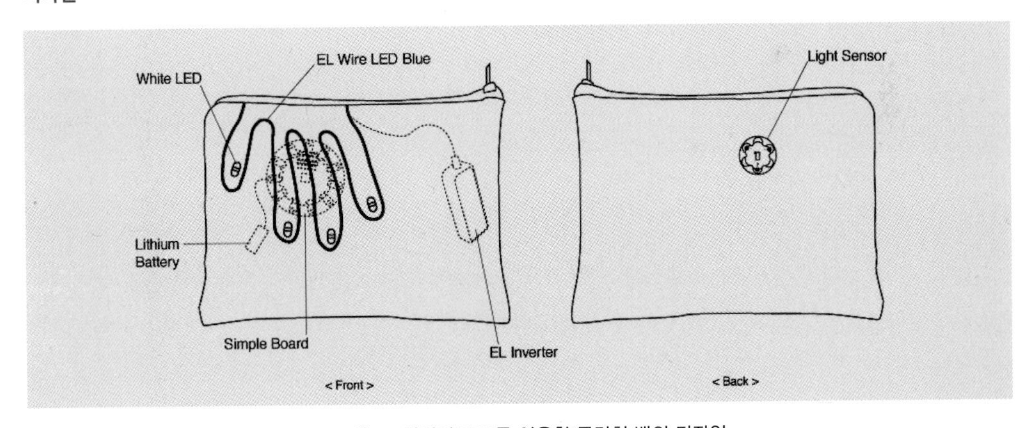

LED와 EL 와이어 LED를 이용한 클러치 백의 디자인

회로 스케치

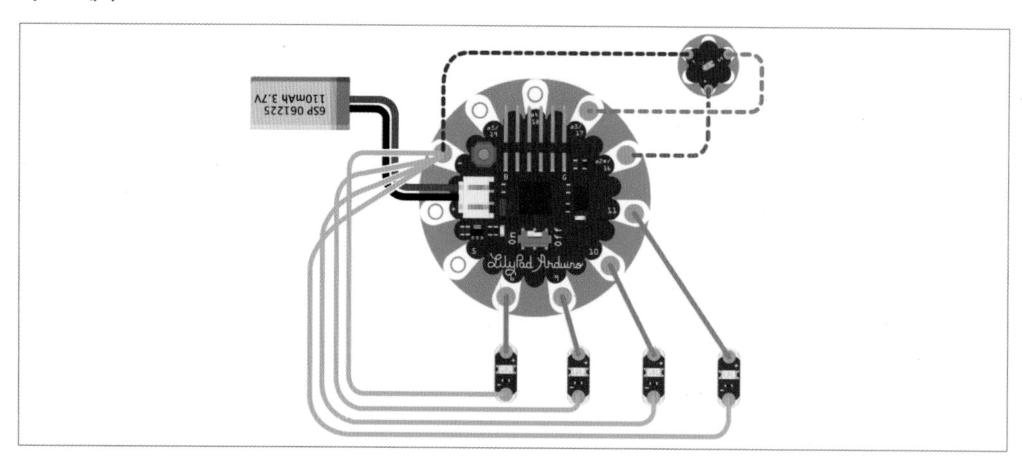

LED와 EL 와이어 LED를 이용한 클러치 백 제작을 위한 회로 구성 이미지

코딩

우선 기준이 되는 조도를 측정하기 위해 빛 센서, 릴리패드 보드, 컴퓨터를 연결하고 아래 코드를 아두이노 스케치에 입력하고 실행해 본다.

```
void setup() {
  Serial.begin(9600);                      // 시리얼 통신 속도를 9600으로 맞추기
}
void loop() {
  int sensorValue = analogRead(A3);  // 릴리패드 A3에 들어오는 아날로그 값 읽기
  Serial.println(sensorValue);             // 시리얼 포트로 값 출력하기
  delay(500);                                 // 0.5초 동안 기다림
}
```

(LED 클러치 백의 빛 센서에 입력된 조도값을 표시하는 시리얼 모니터 화면 참고)

시리얼 모니터에 출력되는 조도값을 확인한다. 빛 센서를 가려서 어둡게 할 때와 가리지 않아 밝을 때 조도의 경곗값을 알아보고 두 값의 평균값을 구해서 LED를 제어한다.

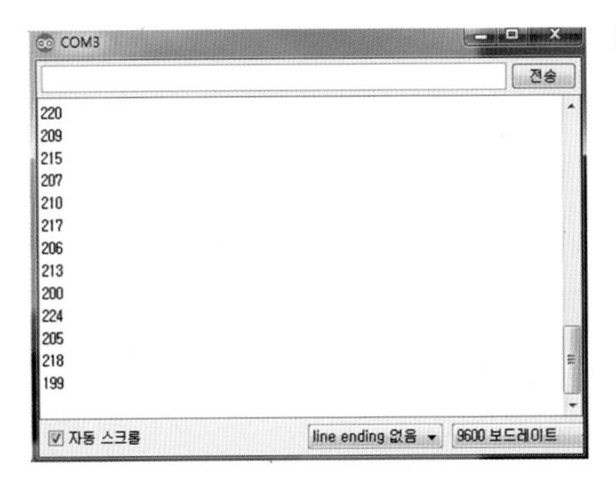

빛 센서에 입력된 조도값을 표시하는 시리얼 모니터 화면

```
void setup() {
  Serial.begin(9600);                    // 시리얼 통신 속도를 9600으로 맞추기
  pinMode(6, OUTPUT);                    // 6번 핀에 LED를 연결하여 출력으로 설정
  pinMode(9, OUTPUT);                    // 9번 핀에 LED를 연결하여 출력으로 설정
  pinMode(10, OUTPUT);                   // 10번 핀에 LED를 연결하여 출력으로 설정
  pinMode(11, OUTPUT);                   // 11번 핀에 LED를 연결하여 출력으로 설정
}

// LED를 순서대로 켜기
void loop() {
  int sensorValue = analogRead(A3);      // A3에 연결된 센서의 아날로그 값 읽기
  Serial.println(sensorValue);           // 읽은 아날로그 값을 시리얼 모니터에 출력
  if (sensorValue > 300) {               // 정해진 임계값 이상이면
    digitalWrite(6, HIGH);               // 6번에 연결된 LED 켜기
    digitalWrite(9, LOW);                // 9번에 연결된 LED 끄기
    digitalWrite(10, LOW);               // 10번에 연결된 LED 끄기
    digitalWrite(11, LOW);               // 11번에 연결된 LED 끄기
    delay(1000);                         // 1초간 기다림

    digitalWrite(6, LOW);                // 6번에 연결된 LED 끄기
    digitalWrite(9, HIGH);               // 9번에 연결된 LED 켜기
    digitalWrite(10, LOW);               // 10번에 연결된 LED 끄기
```

```
    digitalWrite(11, LOW);                // 11번에 연결된 LED 끄기
    delay(1000);                          // 1초간 기다림

    digitalWrite(6, LOW);                 // 6번에 연결된 LED 끄기
    digitalWrite(9, LOW);                 // 9번에 연결된 LED 끄기
    digitalWrite(10, HIGH);               // 10번에 연결된 LED 켜기
    digitalWrite(11, LOW);                // 11번에 연결된 LED 끄기
    delay(1000);                          // 1초간 기다림

    digitalWrite(6, LOW);                 // 6번에 연결된 LED 끄기
    digitalWrite(9, LOW);                 // 9번에 연결된 LED 끄기
    digitalWrite(10, LOW);                // 10번에 연결된 LED 끄기
    digitalWrite(11, HIGH);               // 11번에 연결된 LED 켜기
    delay(1000);                          // 1초간 기다림

  }
  else {                                  // 그렇지 않으면
    digitalWrite(6, LOW);                 // 6번에 연결된 LED 끄기
    digitalWrite(9, LOW);                 // 9번에 연결된 LED 끄기
    digitalWrite(10, LOW);                // 10번에 연결된 LED 끄기
    digitalWrite(11, LOW);                // 11번에 연결된 LED 끄기
  }
}
```

제작 순서

1 디지털 텍스타일 프린팅으로 원하는 이미지를 제작한다. 이미지 제작 시 LED의 위치와 EL와이어의 위치를 미리 설정하고 프린팅을 준비한다.

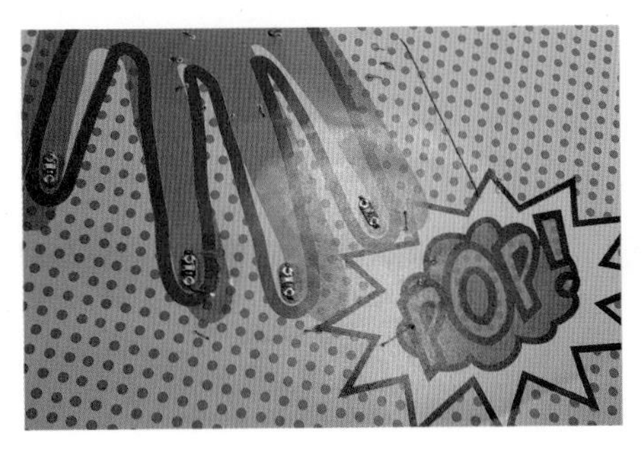

클러치 백 원단 프린팅

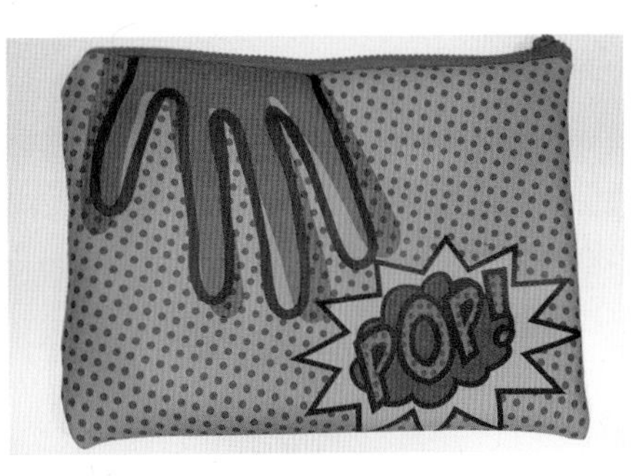

클러치 백 기본형태 만들기

2 릴리패드 아두이노 심플 보드를 다음 그림과 같이 클러치 백 안쪽 원단에 배치하고 빛 센서는 손가락이 닿는 원단의 겉면에 배치한다. 릴리패드 a3핀에 빛 센서 S핀을 연결, 릴리패드(-) 핀과 빛 센서(-)를, 릴리패드 a2핀에 빛 센서(+)를 연결한다. 이때 (-) 극을 잘 맞추어 연결하는 것이 중요하다.

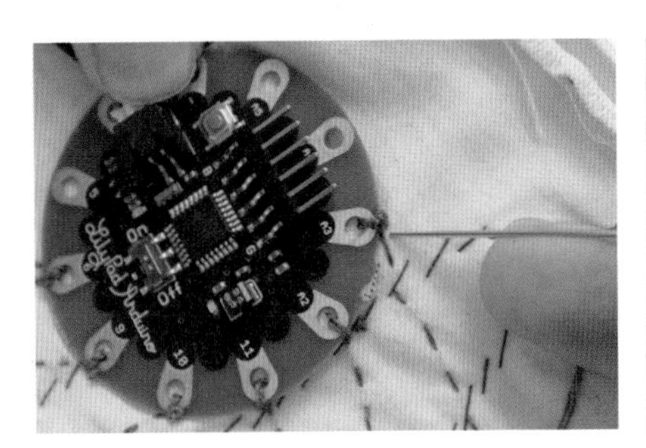

클러치 백 안쪽에 릴리패드 위치 설정 후 봉제하기

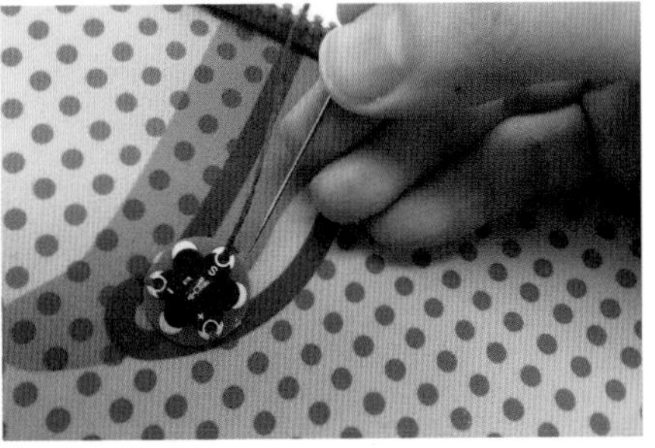

클러치 백 겉면에 빛 센서 위치 설정 후 봉제하기

3 EL와이어와 아두이노 LED를 원단 겉면에 배치한 후 바느질로 고정하고, 각각 릴리패드 6, 9, 10, 11번 핀에 연결하고 릴리패드 (-) 핀에 LED (-)를 연결한다.

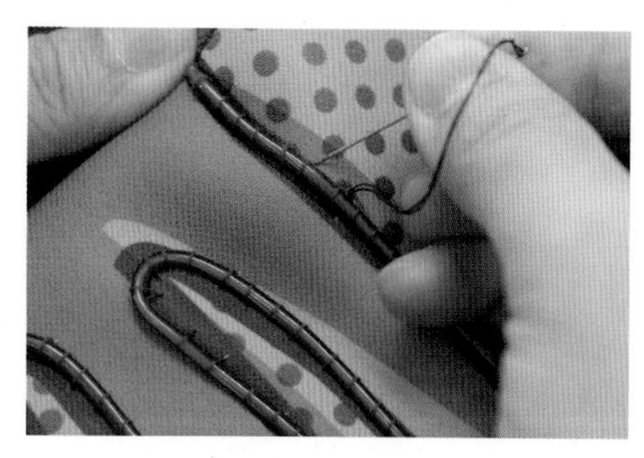
겉면에 EL와이어 형태 만들며 고정하기

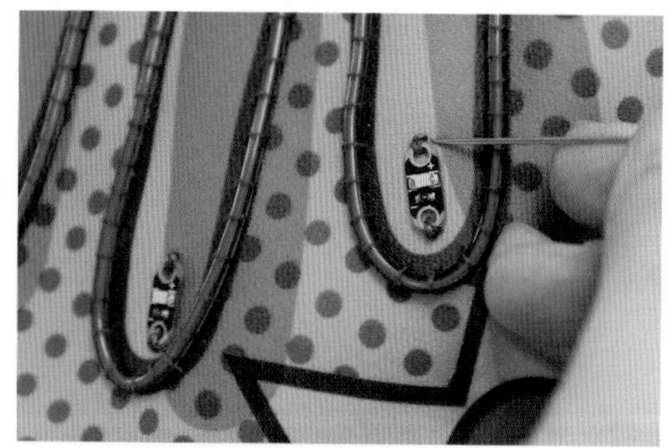
프린팅 위치에 LED 봉제하기

4 안쪽에 EL와이어를 움직이지 않도록 고정한 바느질의 전도성 실이 서로 교차되지 않도록 바느질 선을 체크한다. 전도성 실이 교차되면 합선이 되고 누전되어 실이 타거나, 릴리패드 보드가 손상되기 때문에 여러 번 체크하는 것이 좋다.

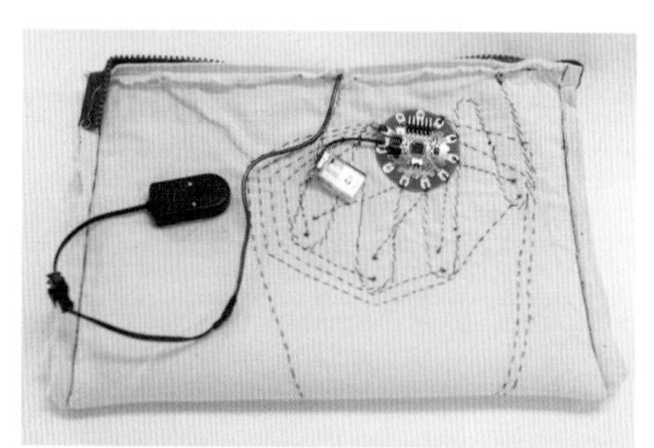
안쪽 전체 회로와 봉제 상태 확인하기

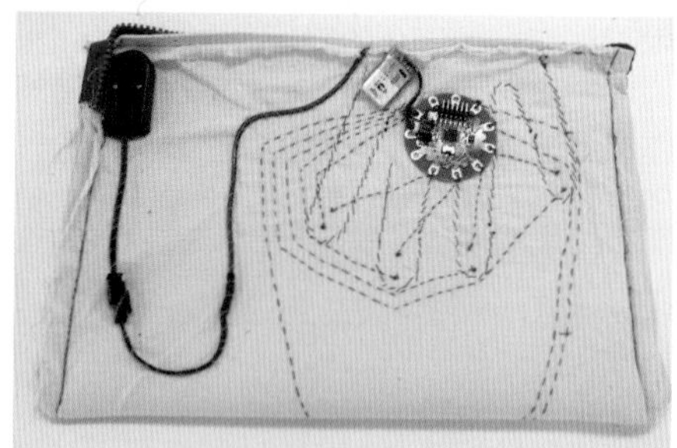
회로 및 EL와이어 고정 바느질하기

5 부착한 릴리패드와 배터리, 와이어 배터리가 보이지 않도록 감추기 위한 안감을 제작하여 클러치 백 시접과 봉제한다. EL와이어 인버터 스위치를 조작하거나 리튬전지를 쉽게 교체할 수 있도록 창구멍을 내어 놓는다.

안감 제작하기

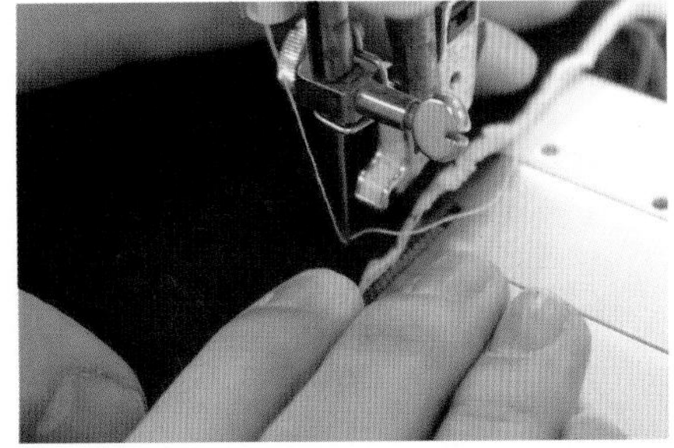

클러치 백 시접과 봉제하기

6 안감의 감침질과 창구멍 정리가 끝나면 겉면이 나오게 뒤집고, 프로그램에 따라 LED의 움직임이 제대로 작동하는지 확인한다.

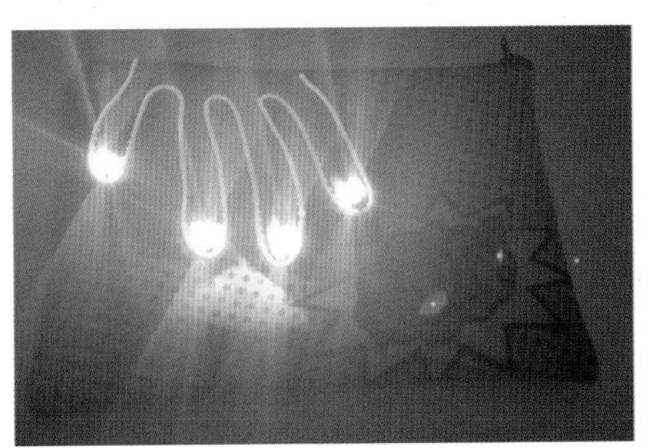

완성된 클러치 백의 앞면

완성된 클러치 백의 뒷면

PICTURE CREDITS

별도의 언급이 없는 그림은 저자의 것이다.

PART 1

그림1 스티브 만의 초기 웨어러블 컴퓨터 디자인 변화과정
https://en.wikipedia.org/wiki/Steve_Mann (Angelina Stewart, CC BY-SA)

그림2 Nike+iPod
https://www.flickr.com/photos/ivyfield/4762376623/ (Yutaka Tsutano, CC BY)

그림3 Pauline van Dongen의 Wearable Solar Shirt
https://64.media.tumblr.com/8206ef4a1705b987c5b96bf945c6bbef/tumblr_n15d2uKi6f1ssa3yzo1_1280.jpg (Designer: Pauline van Dongen, photographer: Mike Nicolaassen)

그림4 CuteCircuit의 Hug Shirt
https://commons.wikimedia.org/wiki/File:Hug-shirt.jpg

그림5 빛을 통해 감성표현을 한 CuteCircuit의 LED Dress
https://commons.wikimedia.org/w/index.php?curid=32068604CuteCircuit,2013.

그림6 심박동 센서를 가슴에 부착한 기능성 운동복
https://www.flickr.com/photos/90941490@N06/23821183773

그림7 Orphe LED 운동화 밑창
https://www.flickr.com/photos/90941490@N06/23819745414 ("Orphe LED shoe" by tomemrich is licensed under CC BY 2.0)

그림9 운동 관리를 위한 손목 밴드형 미스핏 샤인
https://search.creativecommons.org/photos/ed8e04c8-66dc-4526-9267-cb411368b442 ("Shine de Misfit en diferentes colores" by Herguetic is licensed under CC BY-ND 2.0)

그림10 미스핏 샤인을 착용한 모습
https://www.flickr.com/photos/63184073@N03/14450920912 ("Deportistas utilizando el Shine de Misfit" by Herguetic is licensed under CC BY-ND 2.0)

그림11 구글 글래스
https://commons.wikimedia.org/wiki/File:Google_Glass_with_frame.jpg (Mike Panhu, CC BY-SA)

그림12 애플워치
https://www.flickr.com/photos/135095744@N04/26976320271 (by wiyre.com is licensed under CC BY 2.0)

그림14 빛을 이용한 스마트 패션액세서리 디자인
https://absurdee.files.wordpress.com/2012/10/gol_photo1.jpg
© Younghui Kim/ Yejin Cho 2012-2016

그림15 LED 운동화
https://en.wikipedia.org/wiki/Becky_Stern#/media/File:Becky_Stern_firewalker_sneakers.jpg (Becky Stern, CC BY-SA)

그림16 LED 드레스
https://www.flickr.com/photos/21042103@N03/3603420535 ("Dress of the Future" by Tela Chhe is licensed under CC BY 2.0)

그림17 토리버치의 스마트 패션액세서리
https://flic.kr/p/CUmhAG (ETC-USC, CC BY)

그림18 MICA 팔찌
https://www.flickr.com/photos/intelfreepress/15139038583 (Intel Free Press, CC BY-SA)

그림19 Ying Gao의 웨어러블 디자인(Incertitudes: sound activated clothing)
video courtesy of Ying Gao, http://yinggao.ca/interactifs/projets-interactifs

그림57 FTDI드라이버 다운로드하기
http://www/ftdichip.com/drivers

그림65 PWM의 analogWrite값
https://www.arduino.cc/en/Tutorial/PWM (Timothy Hirzel)

PART 2

WORK 8 안전을 지켜주는 자전거 라이더용 무지갯빛 크로스백
- 타이틀 사진, 제작순서 3, 제작순서 4, 제작순서 7 © 이강경

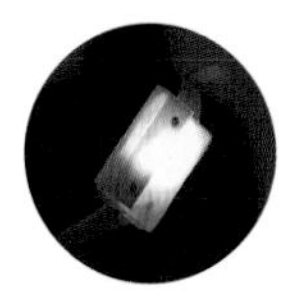

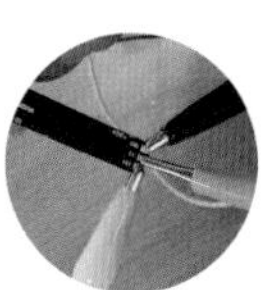
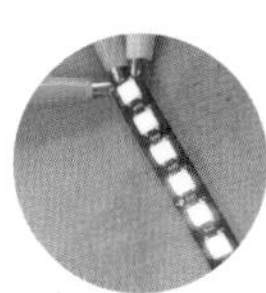

WORK 9 팝팝팝, 나처럼 톡톡 튀는 클러치 백
- 타이틀 사진, 제작순서 1, 제작순서 6 © 지혜림

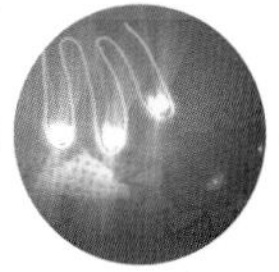

REFERENCE

Leah B.(2013). Lilypad Arduino: E-textiles for everyone. In Leah B. et als.(Eds.), Tectile Messages: Dispatches from the world of E-textiles and education pp.17-27. NY: Peter Lang Publishing Inc.

Malmivaara, M(2009). The emergence of wearable computing. In J. McCann & D. Bryson(Eds.), Smart clothes and wearable technology pp.4-24. Boca Raton, FL: CRCPress.

Xiaoming T.(2000). Current and future wearable technology. In Xiaoming T.(Eds.), Wearable electronics and photonics pp.1-7. Boca Raton, FL: CRCPress.

| 참고 사이트 |

https://www.arduino.cc

http://www.eecg.toronto.edu/~mann/

https://github.com

https://en.wikipedia.org/wiki/Wearable_computer

http://www.ftdichip.com

https://www.sparkfun.com

INDEX

| 프로그래밍 언어 |

저자 소개

이지현

연세대학교 의생활학과(B.S.), 홍익대학교 산업미술대학원 산업디자인학과(M.A), 이탈리아 Marangoni Istituto di Milano에서 패션디자인을 전공하였다. 연세대학교 의류환경학 패션디자인전공(Ph.D)으로 박사학위를 받았으며, 현재 연세대학교 생활디자인학과 교수로 재직 중이다. 패션기반 통합디자인 연구실을 운영하며, 패션디자인과 기술의 접목과 확장을 중심으로 다양한 프로젝트를 운영하고 있다.

김지은

영국 런던예술대학(UAL)의 Central Saint Martins 패션학부에서 패션디자인학과(BFA)를 졸업하였으며, 연세대학교 생활디자인학과 패션디자인전공(Ph.D)으로 박사학위를 받았다. 현재 연세대학교 생활디자인학과 객원교수로 재직 중이며 연세대학교 인간 생애와 공존을 위한 혁신적 디자인 연구단의 연구원으로 연구활동을 하고 있다.

양은경

이화여자대학교 복식디자인과(B.S), 생활디자인(Master I)/인터랙티브멀티미디어(Master II/구 DEA)에서 수학 후 연세대학교 생활디자인 대학원에서 패션디자인전공 박사학위를 취득하였다. 현재 연세대학교 심바이오틱라이프텍연구원의 연구교수로 재직하며 차세대 디지털 기술과 패션 프로세스 융합 연구를 진행하고 있다.

고정민

연세대학교 대학원 생활디자인학과에서 석사학위를 받았으며, 현재 동대학원에서 박사과정으로 재학 중이다.

민세영

미국 뉴욕 Parsons The New School에서 패션디자인학과(BFA)를 졸업하였으며, 현재 연세대학교 대학원 생활디자인학과 석·박사 통합과정으로 대학원에 재학 중이다.

손중원

순천대학교에서 패션디자인학과를 졸업하였으며, 현재 연세대학교 대학원 생활디자인학과 박사과정으로 대학원에 재학 중이다.

이은한

호서대학교에서 시각디자인학과를 졸업하였으며, 현재 연세대학교 대학원 생활디자인학과 석사과정에 재학 중이다.

2판

릴리패드 아두이노를 활용한

스마트 패션액세서리 디자인

2016년 12월 30일 초판 발행 | 2021년 8월 13일 2판 발행

지은이 이지현 외 | **펴낸이** 류원식 | **펴낸곳** **교문사**

편집팀장 김경수 | **책임진행** 이유나 | **디자인** 신나리 | **본문편집** 우은영

주소 (10881)경기도 파주시 문발로 116 | **전화** 031-955-6111 | **팩스** 031-955-0955

홈페이지 www.gyomoon.com | **E-mail** genie@gyomoon.com

등록 1968. 10. 28. 제406-2006-000035호

ISBN 978-89-363-2215-1(93590) | 값 15,000원